Der kleine Elektroniker

Band 3: Moderne Elektronik

verfasst von
Thomas Krüger

© 2008 Thomas Krüger
www.DieElektronikerseite.de
ISBN: 9-783837-040012, 1. Auflage

Herstellung und Verlag: Books on Demand GmbH, Norderstedt
Fotos: Monika Grigoleit, www.Grisus-Digipics-Hamburg.de

Dies wird benötigt

Die farbig markierten Stückzahlen waren schon im Band 1 und 2 notwendig und brauchen nicht zusätzlich beschafft werden. Die schwarzen Stückzahlen geben die Gesamtanzahl der nötigen Bauelemente an.

Bild	Anz.	Bezeichnung / Wert
	1	Steckboard
	2	Verdrahtungsset (Drahtbrückenset) mit jeweils mindestens 5 Brücken von 0,1" (2,54 mm) bis 1,0" (25,4 mm)
	1	Batterieclip für 9V-Blockbatterie [1]
	2	Mikrotaster
	4	NPN-Transistor BC548C
	1	PNP-Transistor BC558C
	2	N-MOSFET BS170
	1	Operationsverstärker TLC271 [2]
	1	CMOS-IC 4001 [2]
	1	CMOS-IC 4013 [2]
	1	Leuchtdiode 3 oder 5mm rot
	1	Leuchtdiode 3 oder 5mm gelb
	1	Leuchtdiode 3 oder 5mm grün
	2	Kondensator 100 nF (5mm Raster)

[1] Für die Versuche wird noch eine 9V-Blockbatterie benötigt.
[2] Die ICs sollten im DIL-Gehäuse beschafft werden. Andere Gehäuseformen sind auf dem Steckboard nicht direkt verwendbar.

Bild	Anz.	Bezeichnung / Wert
	1 1 1 1	Elektrolytkondensator 10 µF / 16 V [1] Elektrolytkondensator 47 µF / 16 V [1] Elektrolytkondensator 100 µF / 16 V [1] Elektrolytkondensator 220 µF / 16 V [1]
	1	Trimmpotentiometer 22 kΩ (25 kΩ)
	1	Breitbandlautsprecher 0,25 W / 8 Ω [2]
	1	Drehspulmesswerk 100 µA [3]
	1 1 1 3 (2) 2 2 2 2 1 2	Widerstand 1,0 Ω (Braun-Schwarz-Gold [Gold]) Widerstand 47 Ω (Gelb-Lila-Schwarz [Gold]) Widerstand 220 Ω (Rot-Rot-Braun [Gold]) Widerstand 470 Ω (Gelb-Lila-Braun [Gold]) Widerstand 1,0 kΩ (Braun-Schwarz-Rot [Gold]) Widerstand 10 kΩ (Braun-Schwarz-Orange [Gold]) Widerstand 22 kΩ (Rot-Rot-Orange [Gold]) Widerstand 47 kΩ (Gelb-Lila-Orange [Gold]) Widerstand 100 kΩ (Braun-Schwarz-Gelb [Gold]) Widerstand 470 kΩ (Gelb-Lila-Gelb [Gold]) Alle Widerstände mit 0,25 W Belastbarkeit.

(1) Es können auch Elektrolytkondensatoren mit höherer Spannungsfestigkeit verwendet werden.
(2) Es sind auch größere Leistungen einsetzbar. Nur die Impedanz von 8 Ohm sollte eingehalten werden.
(3) Wer ein Multimeter mit 200 oder 400 µA Messbereich besitzt, kann auch dieses ersatzweise einsetzen.

Inhaltsverzeichnis

Dies wird benötigt	3
Inhaltsverzeichnis	5
Vorbereitungen	6
Kapitel 1: Zeig doch mal	7
Kapitel 2: Ein Transistor ohne Leistung	10
Kapitel 3: Ein rechnender Verstärker	14
Kapitel 4: Wie es hinein schreit …	17
Kapitel 5: Darf es auch anders herum sein?	20
Kapitel 6: Ein blinkender OP	22
Kapitel 7: Immer oben drauf	24
Kapitel 8: Ein wahrsagender Operationsverstärker	26
Kapitel 9: Verpackte Digitaltechnik	27
Kapitel 10: Aus NOR wird FlipFlop	30
Kapitel 11: Takt bitte	33
Kapitel 12: FlipFlop kompakt	35
Kapitel 13: Wir speichern Daten	37
Kapitel 14: Elektronische Zahlen	39
Kapitel 15: Zählende Elektronik	40
Kapitel 16: Digitaltechnik goes Mathematik	43
Kapitel 17: Wenn die Mathematik nicht wäre	45
Schaltung 1: Batterieprüfer	49
Schaltung 2: Elektroskop	50
Schaltung 3: Eieruhr mit Sirene	52
Schaltung 4: Regelbarer Blinkgeber mit OP	54
Schaltung 5: 2 Tasten Dimmer	55
Schaltung 6: Dreieck-Tongenerator	56
Schaltung 7: Regelbarer Taktgeber mit Stopp	57
Schaltung 8: Baustellenampel	58
Schaltung 9: Digital gesteuerte Verkehrsampel	59
Schaltung 10: Monostabile Kippstufe mit FlipFlop	61
Schaltung 11: Millivoltmeter	62
Schaltung 12: Überspannungsalarm	63
Schaltung 13: Logiktester	65
Schaltung 14: Integrierter NF-Verstärker	66
Schaltung 15: Lichtspiel	67
Schaltung 16: Alarmanlage mit Sirene	69
Schaltung 17: Einstufiger MOSFET-Verstärker	71
Schaltung 18: N-Kanal MOSFET-Prüfer	72
Anhang A: Widerstandsfarbtabellen	73
Anhang B: Normreihen	74
Anhang C: Technische Daten der Bauelemente	75
Anhang D: Bezugsquellen	76

Vorbereitungen

Bevor wir mit den ersten Versuchen beginnen können, müssen noch ein paar Vorbereitungen bei einigen Bauteilen vorgenommen werden.

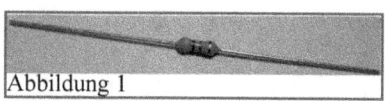
Abbildung 1

In diesem Kurs werden unter anderem einige Widerstände verwendet. Das sind die Bauteile mit den seitlichen Anschlussdrähten und den Farbringen auf der Verdickung in der Mitte.

Diese Anschlussdrähte müssen direkt an dieser Verdickung im 90° Winkel geknickt werden. Sie sollen später auf dem Steckboard insgesamt 5 Steckpins überdecken.

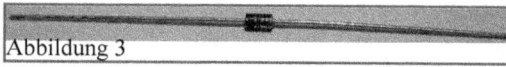
Abbildung 3

Das Gleiche muss mit den Dioden gemacht werden. Diese sehen ähnlich aus wie die Widerstände, besitzen aber nur einen Ring an einer Seite der Verbreiterung.

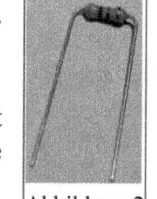
Abbildung 2

Die übrigen Bauelemente können so verwendet werden wie man diese bekommen hat. Alle Bauelemente sind immer wieder verwendbar und können, wenn man einmal keine Experimente mehr machen möchte, auch fest innerhalb eines Gerätes verwendet werden.

Für die Experimente und Schaltungen dieser Seite darf nur eine 9V-Blockbatterie oder ein geeignetes Netzteil verwendet werden. Andere Spannungen können zur Zerstörung von Bauteilen führen.

> **Auf gar keinen Fall elektrische Energie direkt aus der Haushaltsteckdose entnehmen. Immer eine Batterie oder ein geeignetes Netzteil verwenden. Experimente mit Netzspannung können schwere Verletzungen oder sogar den Tod zur Folge haben.**

Kapitel 1: Zeig doch mal

Viele Schaltungen besitzen für die Anzeige des aktuellen Status eine oder mehrere Lampen oder Leuchtdioden. In vielen Fällen ist dies auch ausreichend. Es gibt aber auch eine ganze Reihe von Anwendungen, wo eine einfache Anzeige mit Leuchtdioden nicht mehr genügt. Bei solchen Schaltungen muss man auch zusätzlich einen bestimmten Wert ablesen können. Nehmen wir z.B. ein elektronisches Thermometer. Dort wird es den meisten wohl nicht genügen, wenn 2 Leuchtdioden nur ‚warm' oder ‚kalt' darstellen, sondern man möchte auch noch die genaue Temperatur ablesen.

Für solche Anwendungen gibt es das Messwerk. Diese Messwerke besitzen einen Zeiger der bei Stromdurchfluss ausschlägt und damit die Stärke des Stromes anzeigt. Mit einer entsprechenden Skala zeigt das Messwerk dann Temperatur, Geschwindigkeit usw. an.

Abbildung 1.01

Für die nachfolgenden Versuche verwenden wir hier ein Drehspulmesswerk mit einem Maximalwert von 100 µA. Wem die Anschaffung eines Qualitätsmesswerkes zu Kostenaufwendig ist, der kann sich auch einmal bei diversen Elektronikhändlern umsehen. Man findet dort immer wieder günstige Restposten. Alternativ kann auch ein Multimeter mit 200 oder 400 µA-Bereich eingesetzt werden.

Wie unschwer zu erkennen ist, besitzt das Messwerk eine Skala die den Wert von 0 bis 100 µA darstellt. Wenn man sich die Rückseite des Messwerkes ansieht findet man 2 Anschlüsse, die mit dem zu messenden Strom zu verbinden sind. Beim Anschluss muss bei einem Drehspulmesswerk auf die Polarität geachtet werden. Einige Messwerke besitzen auch die Möglichkeit die Skala zu beleuchten. Solche Kontakte werden hier aber nicht weiter beachtet.

Schauen wir uns erst einmal die Funktionsweise unseres Messwerkes mit Bauplan 1.01 an.

Bauplan 1.01

Beim Anklemmen der Batterie schlägt das Messwerk sofort bis ca. 90 µA aus. Es zeigt uns in diesem Fall die vorhandene Batteriespannung an. Wie macht das Messwerk dies nun?

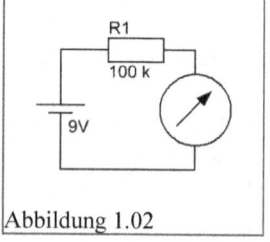
Abbildung 1.02

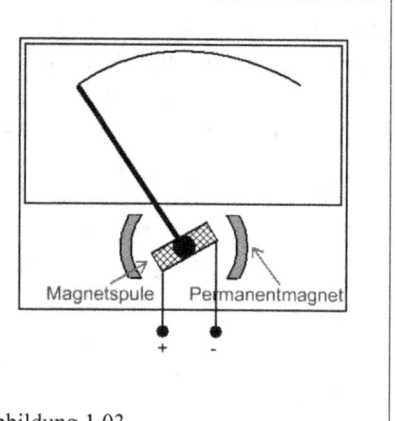
Abbildung 1.03

Im Herzen des Drehspulmessinstrumentes arbeitet eine kleine drehbar gelagerte Spule. Die Anschlüsse der Spule sind nach Außen geführt. An den Seiten der Spule befinden sich zwei kleine Dauermagnete. Sobald die Spule mit einem Strom durchflossen wird, ziehen die Magnete die Spule an und diese dreht sich entsprechend. Der an der Spule angebrachte Zeiger schlägt aus. Eine kleine Feder sorgt dafür, dass der Zeiger nur eine bestimmte Strecke zurücklegt und bei Unterbrechung des Stromflusses der Zeiger wieder auf ‚0' geht.

Als Anwender kann man die Spule wie ein Widerstand betrachten, welcher bestimmte Grenzwerte hat. Bei unserem 100 µA Drehspulmesswerk beträgt der Widerstand ca. 1 kΩ. Bei dem angegebenen Maximalstrom von 100 µA ergibt sich somit auch eine maximale Spannung von 0,1 V. Hierzu noch einmal die Abbildung 1.04, die dies grafisch darstellt.

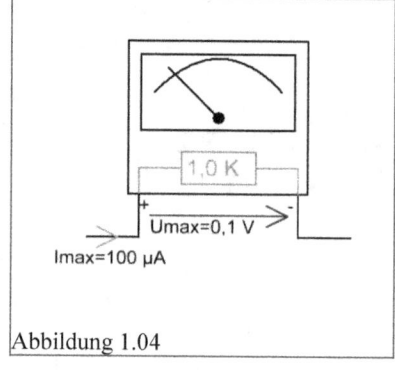
Abbildung 1.04

Wenn wir nun mit dem Messwerk eine Spannung messen wollen, müssen wir nur mit Hilfe eines Vorwiderstandes dafür sorgen, dass wir einen Strom von 100 µA durch das Messwerk bei der gewünschten Maximalspannung erhalten. Nehmen wir einmal an, dass wir eine Spannung von maximal 10 V messen möchten. Nach dem ohmschen Gesetz benötigen wir dann einen Vorwiderstand von 99 kΩ (100 kΩ abzüglich der Impedanz des Messwerkes). Da wir keinen 99 kΩ Widerstand haben, verwenden wir hier einen mit 100 kΩ. Im ersten Versuch konnten wir somit unsere Batteriespannung ziemlich gut ablesen.

Was aber machen wir, wenn wir einen Strom messen möchten. Bis 100 µA brauchen wir ja nichts weiter zu machen, da unser Messwerk dafür schon ausgelegt ist. Bei einem größeren Strom müssen wir dafür sorgen, dass der größte Teil des zu messenden Stromes am Messgerät ‚vorbei' fließt und sich dabei eine maximale Spannung von 0,1 V einstellt. Dies erreichen wir durch das parallel schalten eines Widerstandes. Im Bauplan 1.02 messen wir hier nun einmal den Betriebsstrom einer Leuchtdiode.

Bauplan 1.02

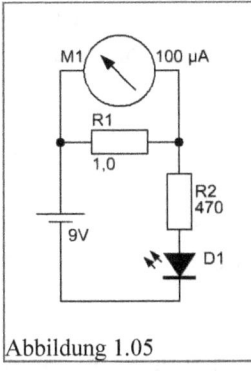

Abbildung 1.05

Bei der Inbetriebnahme dieser kleinen Schaltung leuchtet die LED auf und das Messwerk schlägt auf ca. 15 µA aus, welches einen wirklichen Strom von 15 mA ergibt.

Wer einmal nachrechnet wird feststellen, dass der eingesetzte Widerstand bei einem Spannungsabfall von 0,1 V mit einem Strom von 100 mA durchflossen wird. Die 100 µA, die dann auch durch das Messwerk fließen, kann man hier vernachlässigen. Wir müssen nun nur den angezeigten Wert auf den Maximalstrom umrechnen. Dies bedeutet bei dieser Schaltung einfach das µA gegen mA tauschen.

Soll nun ein Maximalstrom von 1 A gemessen werden, müssten wir nur den Nebenwiderstand, der unter anderem auch Shunt genannt wird, durch einen Widerstand mit 0,1 Ω ersetzen.

In modernen Geräten findet man heute aber nur noch selten Messwerke mit Zeiger. Vielfach werden digitale Anzeigen eingesetzt. Diese Baugruppen arbeiten aber ähnlich wie das hier verwendete Messwerk. Solche Panelmeter zeigen oft auch gleich noch die entsprechende Einheit an.

Kapitel 2: Ein Transistor ohne Leistung

Bisher haben wir sämtliche Schaltungen mit bipolaren Transistoren aufgebaut. In vielen Fällen ist dies auch in Ordnung. aber diese Transistoren haben einen ganz großen Nachteil. Damit sie durchsteuern benötigen sie einen kleinen Basisstrom. Wenn man Schaltungen aufbaut, wo nur einige Transistoren ihren Dienst tun, ist dies nicht sonderlich dramatisch. Man stelle sich aber einmal einen heutigen Mikrocomputer mit einigen Millionen Transistoren vor ...

Es gibt aber eine Transistorenart, welche im Grunde keinen Strom zum durchsteuern benötigt. Es ist der Feldeffekttransistor. Es gibt verschiede Familien unter den FETs, wie diese Transistorenart auch genannt wird. Man kann 2 wichtige Grundtypen unterscheiden. Es sind zum einen die Verarmungstypen. Diese sperren wenn eine Spannung angelegt wird, ansonsten sind sie durchgesteuert.

Die andere Gruppe sind die Anreicherungstypen. Diese FET-Art steuert durch, wenn eine Spannung angelegt wird. Dies kann man mit unseren bisherigen Transistor vergleichen. Ein solcher Typ ist der BS170, welchen wir hier für die weiteren Versuche verwenden wollen. Der BS170 besitzt das gleiche Gehäuse und die Anschlüsse haben eine ähnliche Funktion wie die des BC548C.

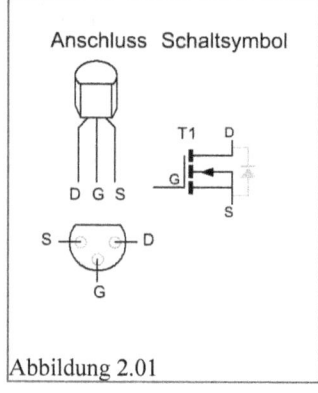

Abbildung 2.01

Der BS170 gehört zur Unterfamilie der MOSFETs (Metall Oxid Silizium FET). Gegenüber einem bipolaren Transistor werden die anderen Anschlüsse etwas anders benannt. Was beim BC548 der Kollektor ist, nennt sich beim BS170 Drain. Der Emitter ist Source und das Gate beim MOSFET ist vergleichbar mit der Basis eines bipolaren Transistors.

Im Anschlussplan des MOSFETs in Abbildung 2.01 sieht man unter anderem das Schaltsymbol dieses Transistors. Hier wurde eine kleine Diode antiparallel zur DS-Strecke eingezeichnet. Diese Diode ist bei jedem MOSFET herstellungsbedingt vorhanden. Darauf sollte man beim Einbau achten. Dreht man den Transistor nämlich einmal aus versehen falsch herum, verhält sich der MOSFET so, als wäre in der DS-Strecke nur eine Diode eingebaut.

Bei dem hier verwendeten MOSFET handelt es sich um einen N-Kanal-MOSFET. Dies ist ungefähr vergleichbar mit einem NPN-Transistor. Es gibt auch P-Kanal-MOSFETs, wie den BS250. Dieser wäre dann das Pendant des PNP-Transistors.

Wollen wir einen MOSFET ansteuern, können wir einen ähnlichen Aufbau verwenden, wie wir ihn schon vom BC548C her kennen. Bauplan 2.01 zeigt so einen kleinen Aufbau.

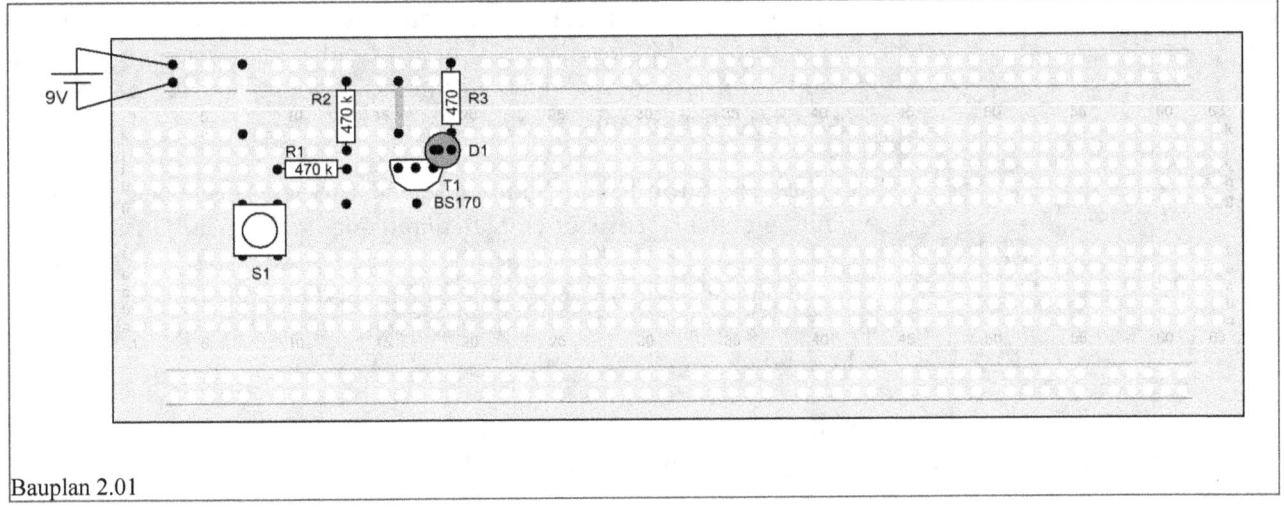

Bauplan 2.01

Wird nun die Batterie angeschlossen und der Taster betätigt, leuchtet die LED D1 auf. Sie verlischt wieder, wenn der Taster losgelassen wird.

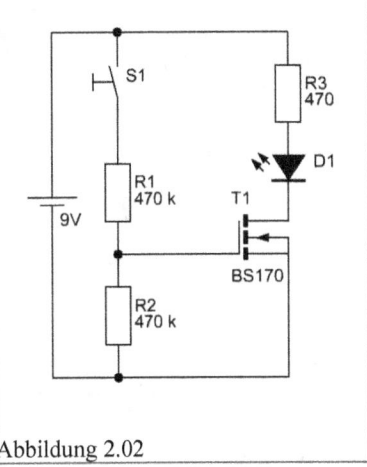

Wenn man sich den Schaltplan nach Abbildung 2.02 ansieht, kann man gut erkennen, dass der Vorwiderstand für die Steuerung des Transistors hier sehr groß gewählt wurde. Wir könnten den Wert von R1 noch um einiges vergrößern und trotzdem würde der Transistor voll durchsteuern.

Gegenüber einer einfachen Transistorschaltung ist hier der Widerstand R2 zwingend notwendig. Wenn man diesen entfernt steuert der FET sofort durch da die Energie, die sich in der Umwelt befindet, problemlos ausreicht, um den Transistor durchsteuern zu lassen.

Abbildung 2.02

Wie viel Strom der Gate-Eingang nun wirklich benötigt, können wir dank unseres Messwerkes ja einmal überprüfen. Nehmen wir eine Drahtbrücke aus der Schaltung heraus und ersetzen diese mit unserem Messwerk (Bauplan 2.02).

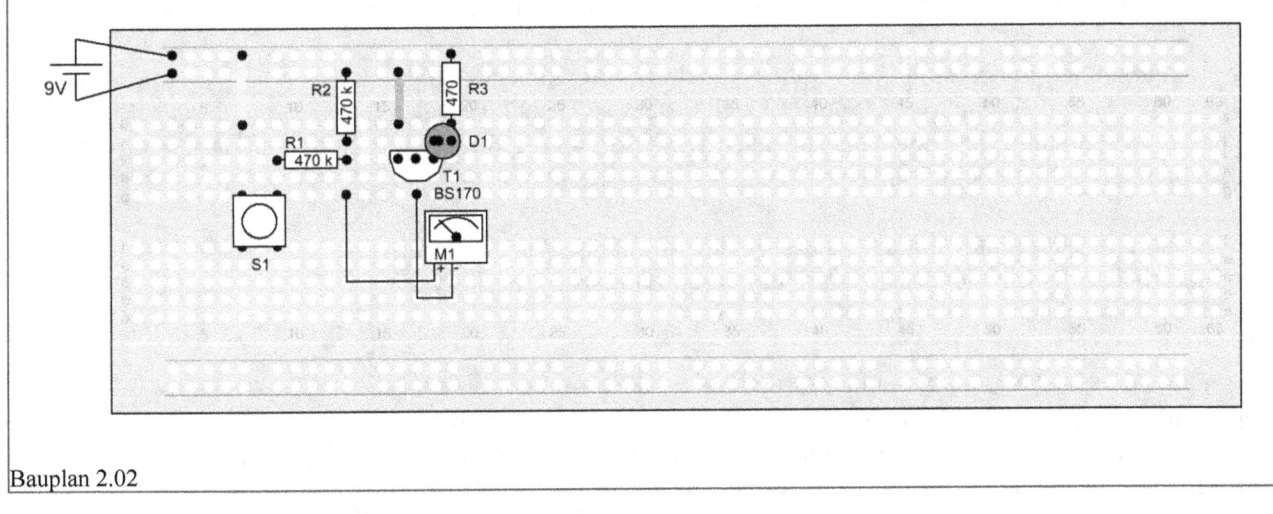

Bauplan 2.02

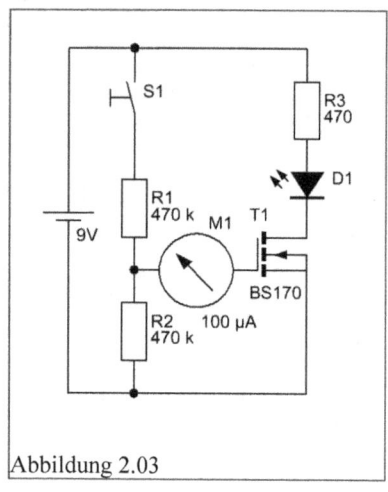

Abbildung 2.03

Betätigen wir hier nun den Taster, leuchtet wie gewohnt die LED auf. Aber auf dem Messwerk ist kein Ausschlag zu erkennen. Da ein MOSFET im Grunde nur eine Spannung benötigt um durchzusteuern, sehen wir keinen Strom.

Um dies einmal mit dem bipolaren Transistor zu vergleichen, können wir hier nun den Transistor einfach durch den BC548C austauschen.

Wird nun der Taster wieder betätigt, leuchtet die LED etwas dunkler auf und das Messwerk zeigt einen deutlichen Strom an. Hier wird schon sehr deutlich, wo der Vorteil der MOSFETs liegt.

Es gibt aber noch einen wichtigen Unterschied den man beachten sollte. Bauen wir dazu die Schaltung noch ein wenig um.

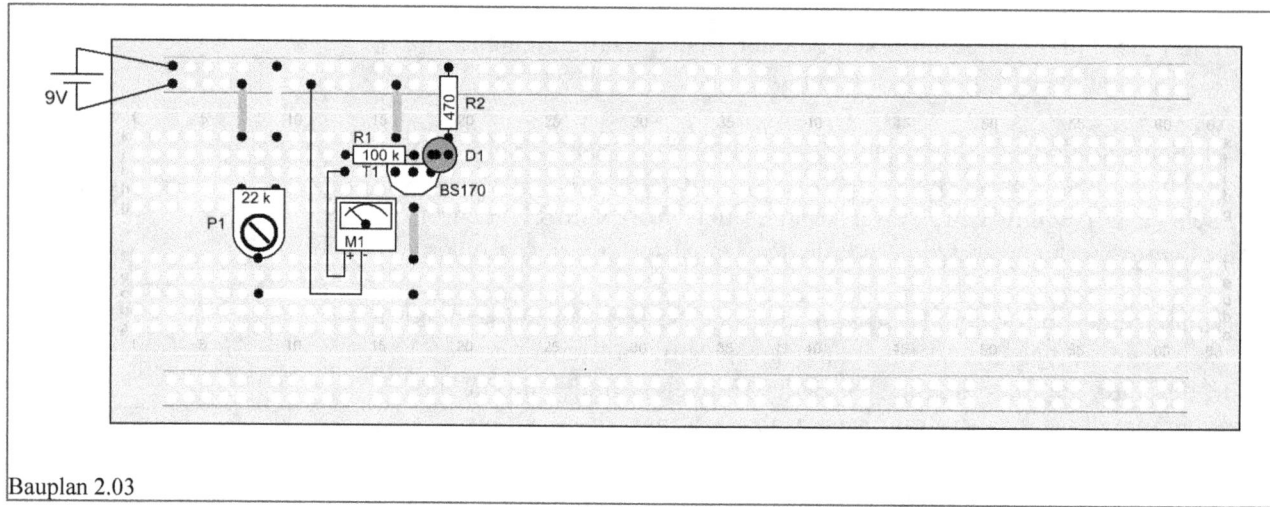

Bauplan 2.03

Von den bipolaren Transistoren wissen wir bereits, dass diese ca. 0,7 V an der BE-Strecke haben wenn der Transistor durchgesteuert ist. Bei diesem Versuch untersuchen wir einmal die GS-Spannung genauer.

Der Trimmpotentiometer sollte vor Inbetriebnahme auf Linksanschlag gedreht werden. Wenn wir nun, nach dem Anschluss der Spannungsversorgung, den Poti langsam nach rechts drehen können wir beobachten, dass die Leuchtdiode erst bei ca. 2-3 V aufleuchtet.

Die Spannung am Gate-Eingang steigt aber, je nach Poti-Stellung, kontinuierlich mit. Im Gegensatz zum bipolaren Transistor besitzt der MOSFET keine spannungsregelnde Funktion am Gate.

Wenn man dies beachtet kann man im Grunde viele Schaltungen, die man vorher mit normalen Transistoren aufgebaut hat, auch mit MOSFETs aufbauen. Als kleines Beispiel soll hier einmal eine astabile Kippstufe aufgezeigt werden, wie sie in Band 1, Kapitel 9 erstellt wurde.

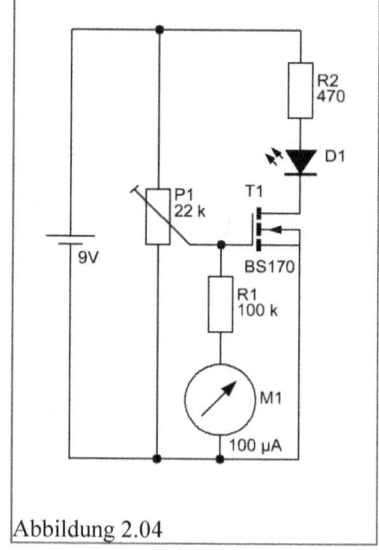

Abbildung 2.04

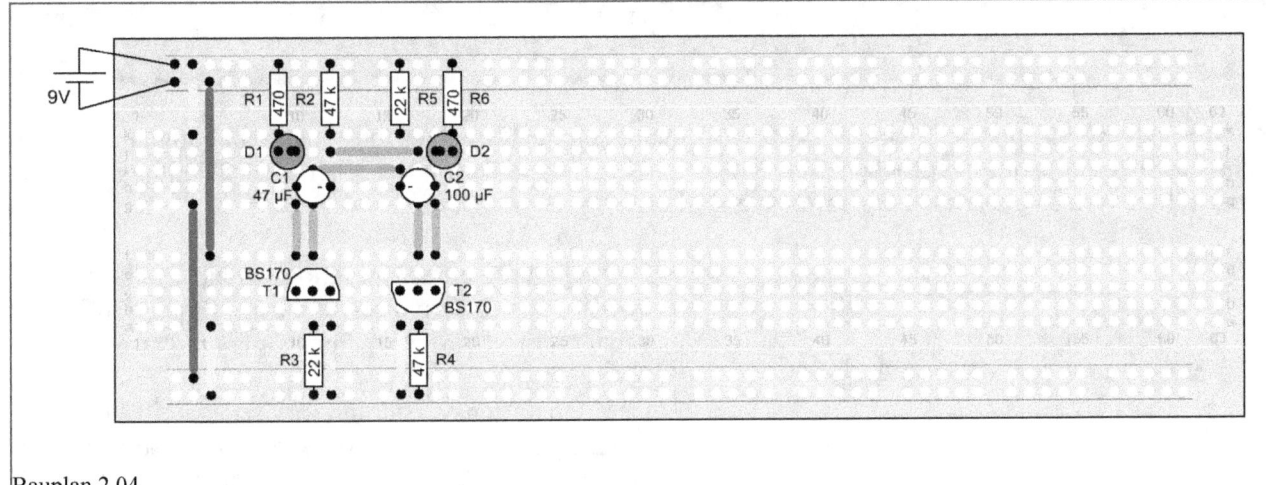

Bauplan 2.04

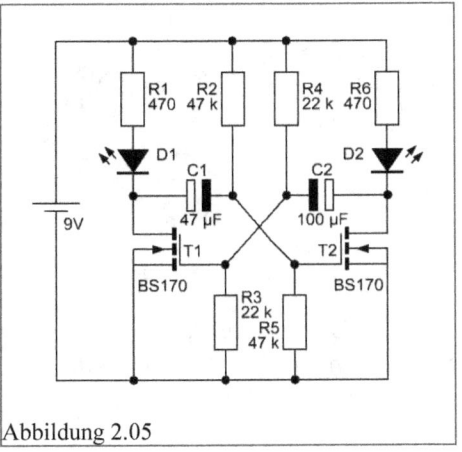

Abbildung 2.05

Hier blinken die beiden Leuchtdioden D1 und D2 abwechselnd wie gewohnt beim Anlegen der Betriebsspannung. Bedingt dadurch, dass sich bei dieser Kippstufe die Elkos nicht einfach über die Transistoren entladen können, müssen wir selbst für die Entladung der Elektrolytkondensatoren sorgen.

Hierfür sorgen die beiden Widerstände R3 und R4, welche parallel zur GS-Strecke geschaltet sind.

Kapitel 3: Ein rechnender Verstärker

In der Analogelektronik hat sich ein Bauteil so manifestiert, dass ohne ihn viele Schaltungen gar nicht mehr denkbar sind. Im eigentlichen Sinn ist es gar kein Bauteil, sondern eher eine Schaltungsart. Die Rede ist hier vom so genannten Operationsverstärker.

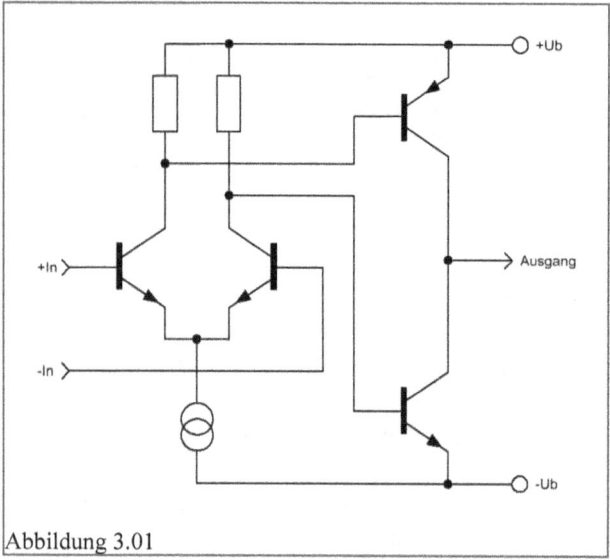
Abbildung 3.01

Die Schaltung eines Operationsverstärkers besteht im Prinzip aus 2 Grundschaltungen. Einen Differenzverstärker mit einer Gegentaktstufe am Ausgang.

Der Operationsverstärker besitzt zwei Eingänge, welche entweder den Ausgang positiv oder negativ beeinflussen. Was dies genau bedeutet, werden wir gleich erkunden.

Für die weiteren Versuche soll ein Operationsverstärker vom Typ TLC271 verwendet werden.

Abbildung 3.02

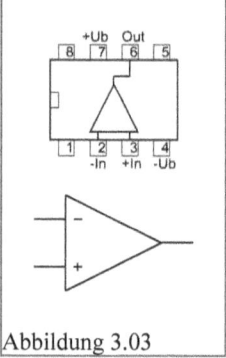
Abbildung 3.03

Der Verstärker befindet sich in einem so genannten DIL-Gehäuse. Dieses besitzt in diesem Fall 8 Anschlüsse. Jeder Anschluss, auch Pin genannt, besitzt eine Nummer. So ist es möglich jeden Anschluss zu bezeichnen. In Abbildung 3.02 ist so ein Gehäuse zu sehen.

Will man erkunden welcher Pin sich wo befindet, muss man sich den Operationsverstärker so vor sich legen, dass sich die Markierung im Gehäuse auf der linken Seite befindet. Diese Markierung kann eine Einkerbung am Rand sein, aber auch eine Delle am linken unteren Rand. Unten links befindet sich dann auch der Anschluss 1. Nun zählt man die Pins einfach entgegen dem Uhrzeigersinn durch. Abbildung 3.03 zeigt dies noch einmal. Hier ist auch gleich das Schaltsymbol abgebildet.

Wenn man Schaltungen mit Operationsverstärkern aufbauen möchte, darf man auf keinen Fall vergessen den Schaltkreis mit Spannung zu versorgen. In den Schaltbildern wird aber die Betriebsspannung meist nicht mitgezeichnet.

Nun soll erst einmal die genaue Bedeutung der beiden Eingänge + und − untersucht werden. Hierzu soll ein kleiner Versuchsaufbau nach Bauplan 3.01 dienen.

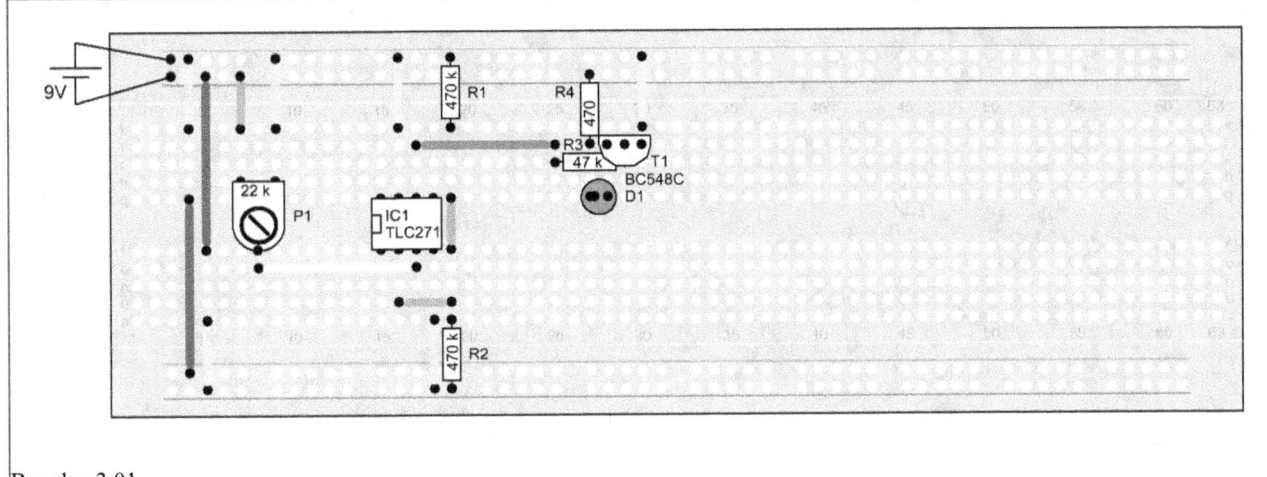

Bauplan 3.01

In dieser Schaltung legen wir den negativen Eingang des Operationsverstärkers auf die Hälfte der Betriebsspannung. Die dem OP nach geschaltete Transistorstufe soll nur den Schaltkreis entlasten.

Bevor die Betriebsspannung wieder angeschlossen wird, sollte man den Trimmer auf den Minuspol drehen.

Die Leuchtdiode bleibt beim Anschluss der Spannung erst einmal dunkel. Beim Drehen von P1 geht, nach etwa der Mitte des Potentiometers, die Leuchtdiode an und ändert sich auch nicht weiter wenn man bis zum Plusanschluss dreht.

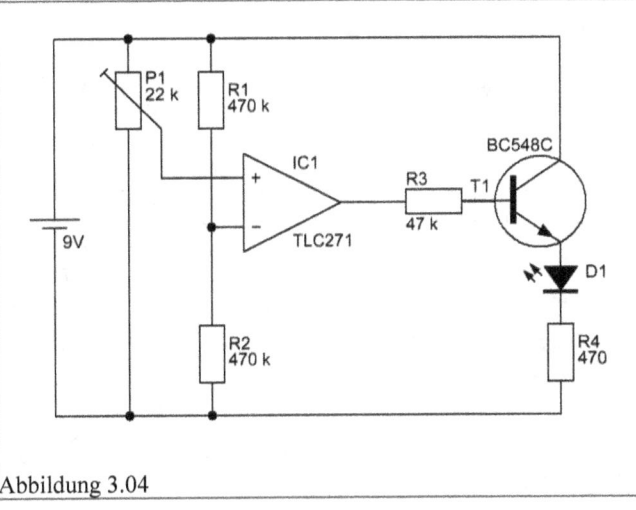

Abbildung 3.04

Hier wird die aktuelle Spannung am positiven Eingang ständig mit der Spannung am negativen Eingang verglichen. Ist die Spannung an + größer als die von –, schaltet das OP auf + der Betriebsspannung durch und die LED leuchtet auf.

Man kann auch sagen, dass die beiden Eingangsspannungen voneinander subtrahiert werden. Ist das Ergebnis dieser Rechenoperation positiv, wird der Ausgang nach Plus durchgeschaltet. Im anderen Fall nach Minus. Dabei wird von der +-Spannung die --Spannung abgezogen.

Nun vertauschen wir einfach mal die beiden Eingänge nach Bauplan 3.02.

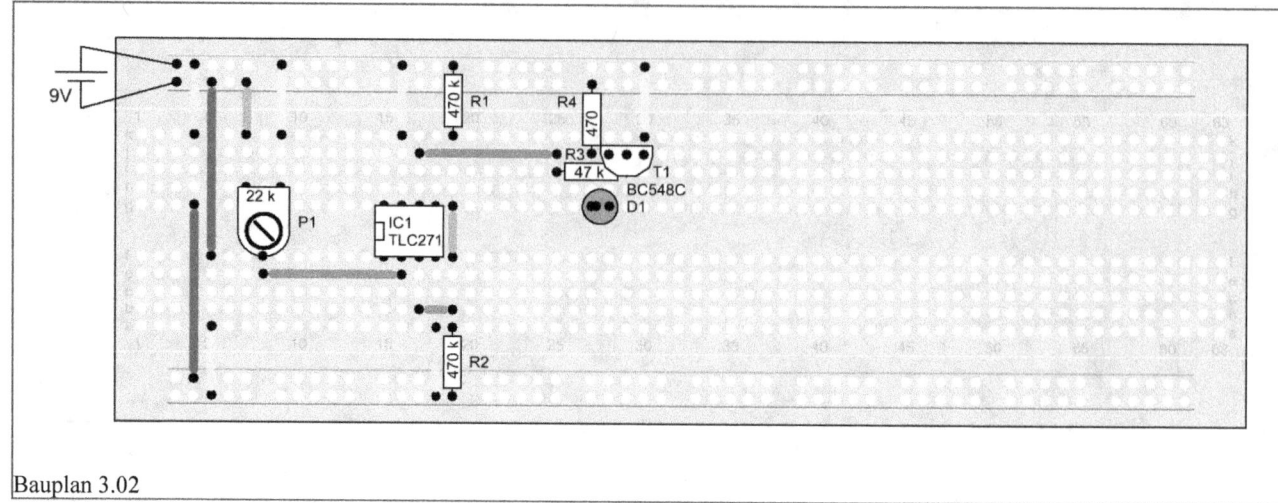

Bauplan 3.02

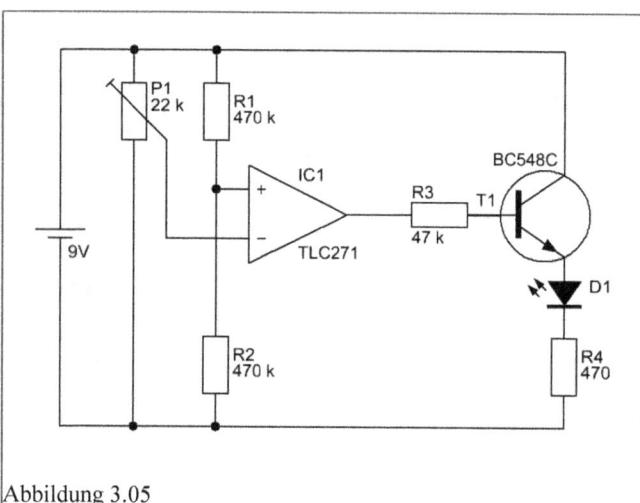

Abbildung 3.05

Auch hier sollte der Trimmer erst einmal an den Anschlag zum Minuspol der Batterie gedreht werden.

Jetzt haben wir den Effekt, dass der Ausgang nur durchschaltet, wenn die Spannung am Trimmer kleiner ist als die Referenzspannung am +-Eingang.

Warum aber wird der Ausgang immer voll durchgeschaltet und nicht nur die entsprechende Differenz am Ausgang angelegt?

Dies ist begründet in der Struktur des Operationsverstärkers. Dieser besitzt einen Verstärkungsfaktor, der in Richtung unendlich geht. Dies bedeutet, dass selbst die geringste Spannungsdifferenz an den Eingängen eine sehr große Spannungsänderung am Ausgang zur Folge hat. Der TLC271 hat einen Verstärkungsfaktor von ca. 100.000. Dies bedeutet, dass z.B. eine Differenz von 1 mV schon eine Ausgangsspannung von theoretisch 100 V zur Folge hat. Da der Operationsverstärker aber nur maximal 9V ausgeben kann, wird eben dieses Maximum ausgegeben.

Kapitel 4: Wie es hinein schreit ...

Will man den Operationsverstärker dazu bewegen, dass er das Eingangssignal wirklich verstärkt und nicht nur den Ausgang durchschaltet, muss man den Verstärkungsfaktor künstlich herabsetzen. Dazu müssen wir den Ausgang auf den Eingang zurück koppeln. Dazu bauen wir die Schaltung nach Bauplan 4.01 auf.

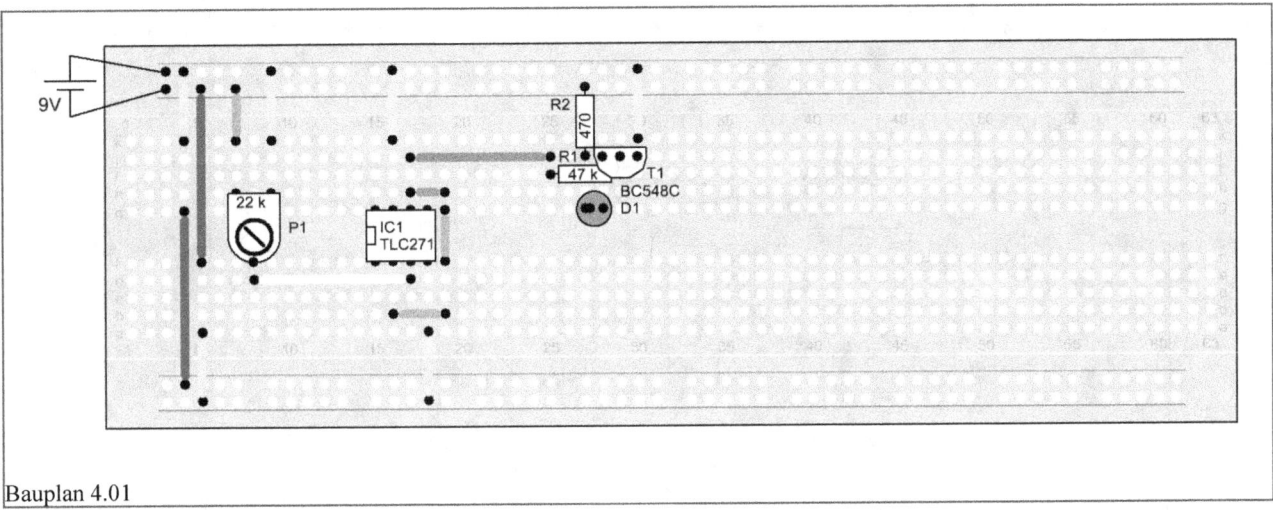

Bauplan 4.01

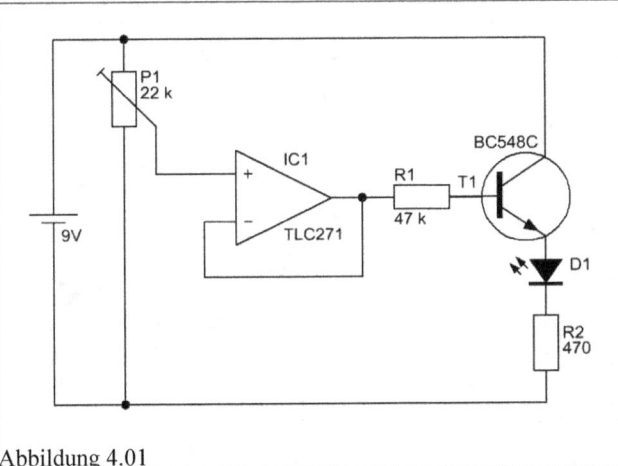

Abbildung 4.01

Beim Drehen des Trimmpotentiometers können wir nun die Leuchtdiode stufenlos dimmen. Hier folgt die Ausgangsspannung stetig der Eingangsspannung.

Dies wird durch die Rückführung des Ausgangs auf den −-Eingang erreicht. Nehmen wir erst einmal an, dass der Potentiometer so eingestellt ist, dass am +-Eingang des Operationsverstärkers sich eine Spannung von 1 V befindet. Setzen wir des Weiteren erst einmal voraus, dass der −-Eingang aktuell eine Spannung von noch 0 V besitzt.

Nun gibt es ja eine positive Differenz zwischen den beiden Eingängen (2V-0V=+2V). Somit wird der Ausgang auf den Pluspol der Betriebsspannung geschaltet. In diesem Moment steigt aber auch die Spannung am negativen Eingang, welches den OP dazu bringt, dass die Spannung am Ausgang wieder sinkt.

Dies geht nun einige Male bis sich die Ausgangsspannung auf die Spannung vom +-Eingang eingependelt hat. Da dieses Einregeln einen kleinen Augenblick benötigt, sind Operationsverstärker, welche so betrieben werden, nicht so sehr schnell. Einige Typen kommen da schon mit einigen 100 kHz Eingangsfrequenzen an ihre Grenzen.

Bei dieser Schaltung wird die Ausgangsspannung 1:1 verstärkt. Dies wird immer dann verwendet, wenn man einen reinen Stromverstärker braucht; wir also eine Signalquelle haben, die nicht stark belastet werden darf oder soll, wir aber einen größeren Strom für einen Verbrauch benötigen.

Es gibt aber auch sehr viele Anwendungen, da muss das Eingangssignal vervielfacht werden. Dies ist mit 2 weiteren Widerständen auch problemlos möglich. Hierzu erweitern wir die Schaltung entsprechend nach Bauplan 4.02. Der Plusanschluss des Messwerkes sollte noch nicht fest verdrahtet werden, dieser wird bei den Versuchen an die blau markierten Punkte angeschlossen.

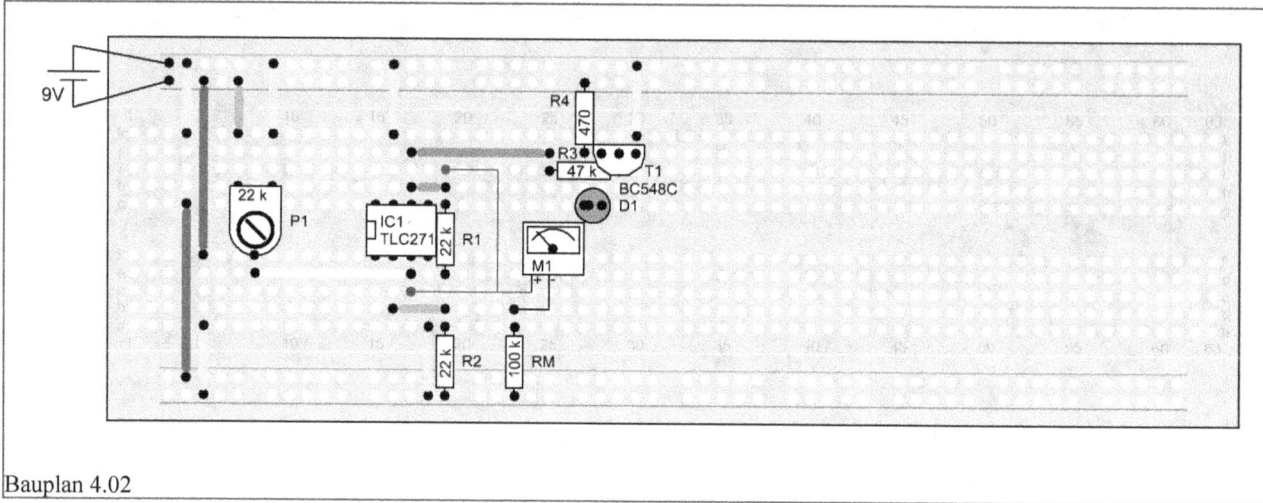

Bauplan 4.02

Hier wird jetzt die Spannung, die wir mit dem Potentiometer einstellen, um den Faktor 2 verstärkt auszugeben. Um dies nachweisen zu können, wird hier das Messwerk eingesetzt.

Als erstes legen wir die Plus-Leitung des Messgerätes an den Mittelanschluss des Trimmers und stellen ein rel. kleine Spannung ein, z.B. 2 V.

Anschließend legen wir die Plusleitung von M1 an den Ausgang und können gut sehen, dass sich hier nun eine Spannung von ca. 4 V eingestellt hat. Diesen Versuch sollte man mit weiteren Einstellungen wiederholen. Man wird feststellen, dass sich die Spannung am Ausgang immer verdoppelt. Natürlich nur solange, bis eine Vordopplung die Betriebsspannung überschreiten würde. Stellen wir als Beispiel eine Spannung von 5 V ein, müsste am Ausgang 10 V anliegen. Da wir aber nur ca. 9 V als Betriebsspannung haben, wird auch nicht mehr ausgegeben.

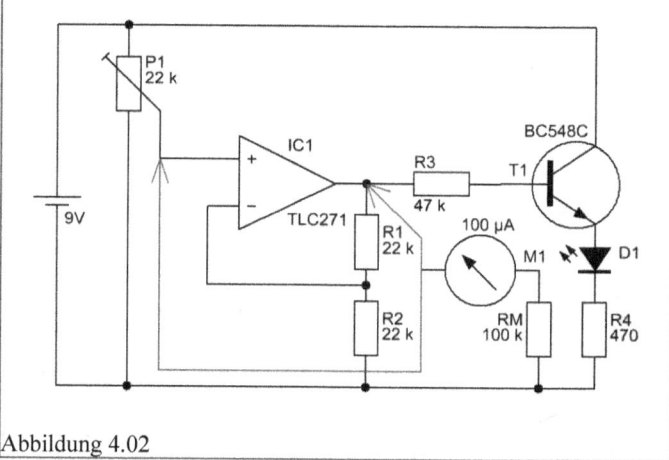

Abbildung 4.02

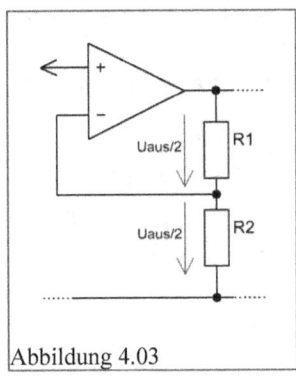
Abbildung 4.03

Wer sich die Abbildung 4.03 ansieht dürfte erkennen, dass die Ausgangsspannung durch die beiden Widerstände geteilt wird. Dies bewirkt, dass der Operationsverstärker weniger ‚gegenregelt' und somit die Ausgangsspannung steigt. Wenn beide Widerstände den gleichen Wert besitzen steigt der Ausgangswert, eben um den im letzten Versuch festgestellten Faktor 2.

Möchte man eine größere Verstärkung haben, muss man nur R2 kleiner als R1 machen. Dann wird der Faktor noch weiter erhöht. Soll der Operationsverstärker weniger als das doppelte verstärken, muss R1 verkleinert werden.

Eine Abschwächung, als einen Faktor von unter 1, ist mit dieser Schaltung nicht möglich. Der Verstärkungsfaktor kann nur 1 oder höher sein. Will man die Spannung abschwächen, muss eine andere Schaltung verwendet werden.

Mit diesem Versuch haben wir einen so genannten nicht invertierenden Verstärker aufgebaut. Das Gegenteil dazu, den invertierenden Verstärker, gibt es im nächsten Kapitel.

Kapitel 5: Darf es auch anders herum sein?

Will man analoge Signale umkehren, kann man natürlich eine einfache Transistorstufe nehmen. Diese hat aber den Nachteil, dass diese Schaltung dann sehr genau dimensioniert sein muss, um keine Verfälschung einzubauen. Viel einfacher ist dies mit einem Operationsverstärker. Bauen wir unsere Schaltung um und machen daraus einen invertierenden Verstärker. Hierzu Bauplan 5.01 in dem das Messwerk wieder nur mit dem Minuspol angeschlossen wird. Die Plusleitung bleibt auch hier vorerst offen.

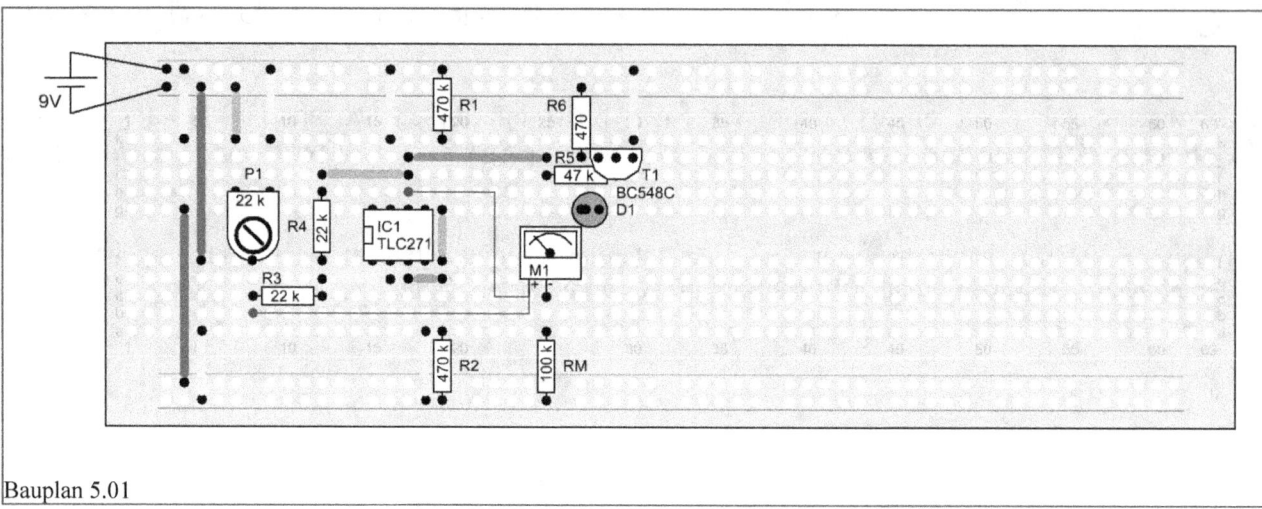

Bauplan 5.01

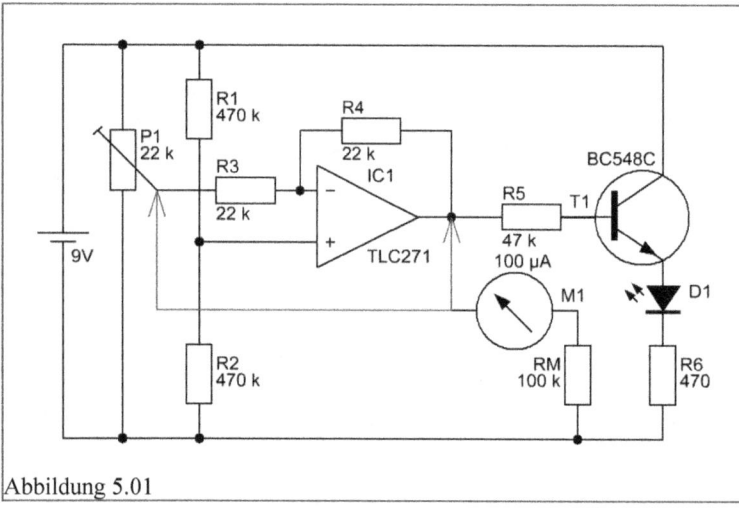

Abbildung 5.01

Beim Anklemmen der Batterie sollte der Trimmpotentiometer wieder am Linksanschlag stehen.

Bekommt die Schaltung ihre Betriebsspannung, leuchtet die LED sofort auf. Wird nun der Potentiometer immer weiter nach rechts gedreht, verlischt die Leuchtdiode immer weiter bis diese komplett verloschen ist.

Wird jetzt das Messgerät zur Hilfe genommen und wir stellen am Trimmpotentiometer eine Spannung von z.B. 7 V ein, können wir, wenn das Messwerk an den Ausgang des Operationsverstärkers geklemmt wird, eine Spannung von 2 V ablesen. Verringern wir die Spannung am Poti weiter, steigt im gleichen Maße die Ausgangsspannung. Das Eingangssignal wird also umgedreht oder eben invertiert.

Möchte man den Verstärkungsfaktor verändern, muss man nur eines der beiden Widerstände tauschen. Wollen wir den Verstärkungsfaktor erhöhen, muss man der Widerstand R3 kleiner als R4 sein. Tauschen wir den 22 kΩ gegen einen Widerstand von 10 kΩ können wir den Effekt sehr schön beobachten. Jedes V Änderung am Eingang bewirkt jetzt ca. 2,2 V Änderung am Ausgang. Dies hat aber auch zur Folge, dass der wirksame Bereich beim Potentiometer jetzt nicht mehr über dem vollen Drehweg geht. Wir müssen erst eine Weile drehen, bis sich am Ausgang etwas ändert.

Anders sieht es aber aus, wenn wir R4 gegen einen kleineren Widerstand ersetzen und R3 wieder mit 22 kΩ bestücken. Hier ist jetzt die Änderung am Ausgang nur ca. die Hälfte so stark, wie die Änderung am Eingang. Hier kann man aber feststellen, dass wir am Ausgang nun nie 0V und nie die Betriebsspannung erreichen. Um das zu verstehen, müssen wir uns die Funktionsweise näher ansehen.

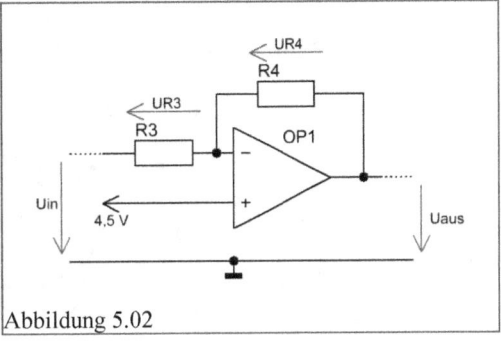
Abbildung 5.02

Damit der Verstärker arbeiten kann, muss er mit einem Arbeitspunkt versehen werden. Dies erreichen wir hier durch das Anlegen einer Mittelspannung an den −-Anschluss. Da wir hier mit Batterie arbeiten, legen wir, mit Hilfe eines Spannungsteilers, eine Spannung von 4,5 V an den Eingang.

Legen wir jetzt eine Spannung an den Eingang Uin, entsteht eine Spannungsdifferenz zwischen dem Ausgang und dem Eingang. Diese Spannungsdifferenz wird durch R3 und R4 geteilt und am Mittelpunkt eine Teilspannung auf den −-Eingang gegeben. Ist diese Spannung größer als die Referenzspannung von 4,5 V, sinkt die Ausgangsspannung. Ist diese kleiner, steigt die Ausgangsspannung.

Dies ändert nun auch die Spannungsdifferenz zwischen Ausgang und Eingang so, dass der OP so lange weiter regelt, bis die Spannung am negativen Eingang genau so hoch ist wie die Referenzspannung.

Je nachdem, wie der Spannungsteiler dimensioniert ist, wird die Referenzspannung mehr oder weniger angehoben oder abgesenkt. So wird bei einer Verstärkung von unter 1 nie die Betriebsspannung oder 0 V am Ausgang erreicht.

Kapitel 6: Ein blinkender OP

Eine immer wiederkehrende Aufgabe der Elektronik ist die Generierung von Frequenzen, um Blinksignale oder Töne zu erzeugen. Dies ist natürlich auch mit dem Operationsverstärker möglich. Hierzu muss eine neue Schaltung nach Bauplan 6.01 aufgebaut werden.

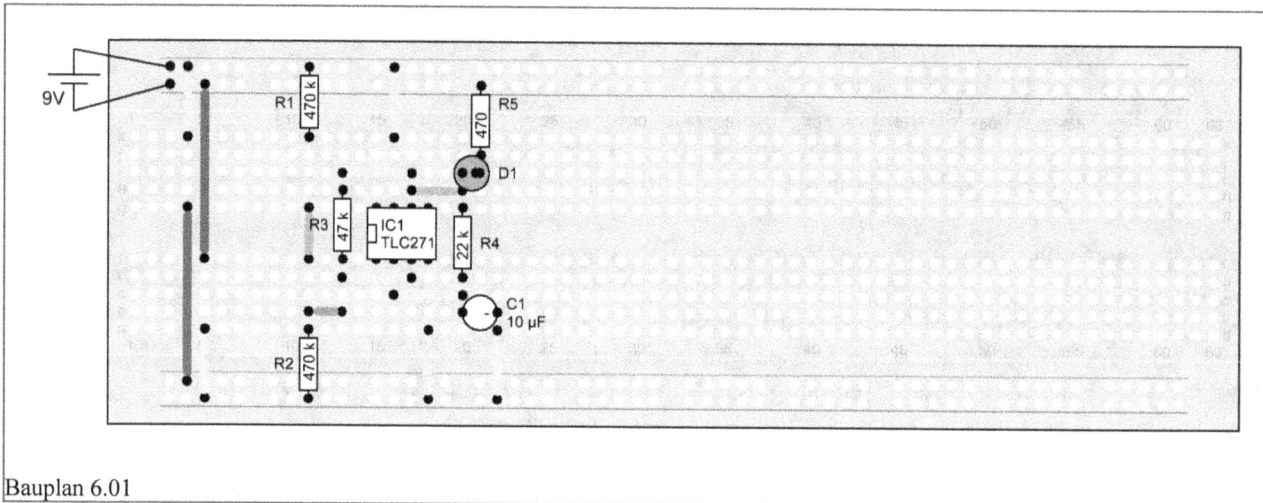

Bauplan 6.01

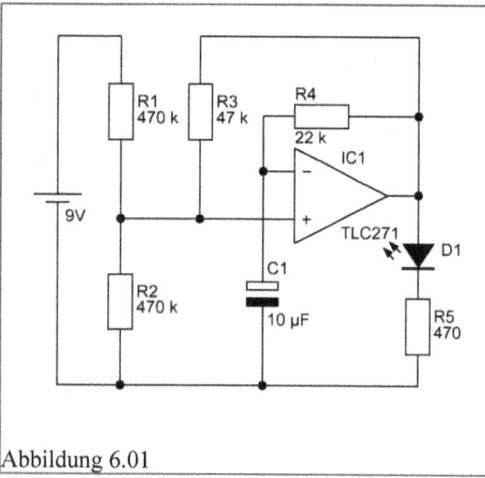

Abbildung 6.01

Bei dem Anklemmen der Batterie beginnt die Leuchtdiode D1 an zu blinken. Die Blinkfrequenz wir maßgeblich von R4 und natürlich vom Kondensator C1 bestimmt.

Damit die LED blinken kann, wird der Operationsverstärker im Grunde als Vergleicher geschaltet, der sich seine Referenzspannung selbst auswählt.

Gehen wir nun erst einmal davon aus, dass der Kondensator gerade entladen ist und sich am Ausgang des Operationsverstärkers gerade die Betriebsspannung befindet.

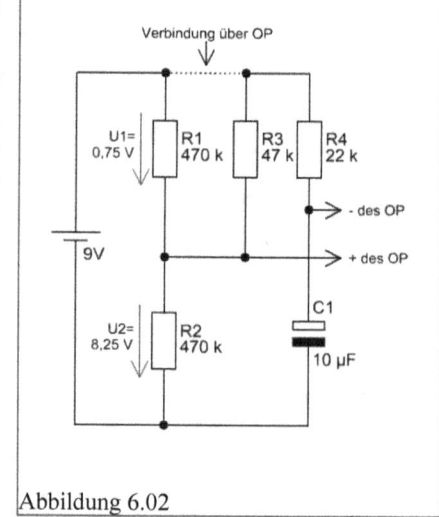

Abbildung 6.02

Somit sind die Widerstände R3 und R4 mit der Betriebsspannung verbunden. In Abbildung 6.02, welche den aktuellen Zustand vereinfacht darstellt, ist zu erkennen, dass sich R3 nun parallel zum Widerstand R1 befindet. Da R1, R2 und R3 einen Spannungsteiler bilden, stellt sich für den Operationsverstärker eine Referenzspannung von 8,25 V ein.

Der Kondensator wird jetzt allmählich durch R4 aufgeladen. Da am

—-Eingang die Spannung noch unterhalb der Referenzspannung liegt, bleibt der Ausgang auf die Betriebsspannung geschaltet.

Irgendwann erreicht die Spannung am Elko die Referenzspannung von 8,25 V und der Operationsverstärker schaltet um. Sofort ändern sich die Spannungsverhältnisse komplett.

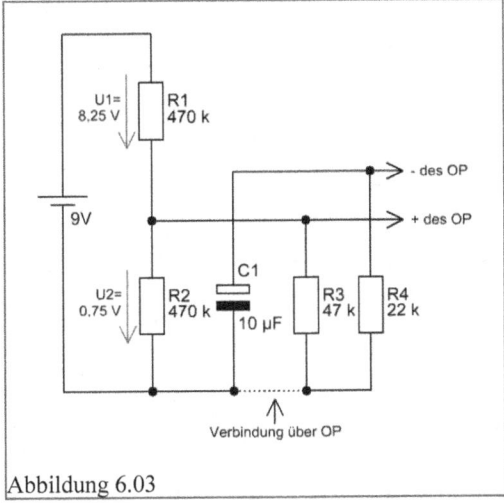

Abbildung 6.03

In der vereinfachten Darstellung des aktuellen Zustandes in Abbildung 6.03 sieht man jetzt, dass R3 und R4 über den Operationsverstärker mit 0 V verbunden sind.

Die Referenzspannung verschiebt sich nun so, dass jetzt am +-Eingang 0,75 V anliegen. Da die Spannung am —-Eingang höher als die Referenzspannung ist, bleibt der Ausgang auf 0 V geschaltet.

Der Kondensator wird nun über den Widerstand R4 entladen. Die Spannung am —-Eingang sinkt langsam, bis die Referenzspannung von 0,75 V erreicht ist.

Jetzt wird der Ausgang wieder auf die Betriebsspannung umgeschaltet und das ganze Spiel beginnt von vorne.

Sollte es nur um das einfache blinken einer Leuchtdiode gehen, kann man viel einfachere Schaltungen einsetzen. Der Vorteil der Frequenzerzeugung mit einem Operations-Verstärker ist der, dass als ‚Nebenprodukt' eine Dreieckspannung am Elko entsteht. Diese muss nur noch auf einen Verstärker gegeben werden, und schon kann man mit dieser Schaltung 2 Frequenzformen erzeugen.

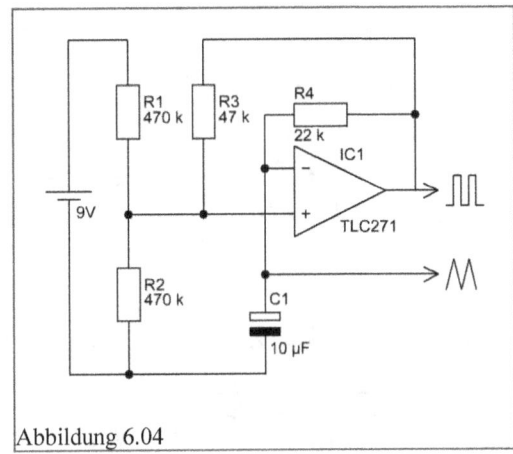

Abbildung 6.04

Kapitel 7: Immer oben drauf

Die letzten Versuche mit dem Operationsverstärker sind zwar interessant, aber der Operationsverstärker zeigt seine Stärke bei den nachfolgenden Schaltungen erst richtig. Als erstes wollen wir eine Schaltung besprechen, die es uns ermöglicht zu einer aktuellen Spannung immer noch etwas ‚oben drauf' zu legen. Die Rede ist hier vom so genannten Integrierer.

Für die Funktionsbeschreibung wird wieder ein Aufbau nach Bauplan 7.01 nötig.

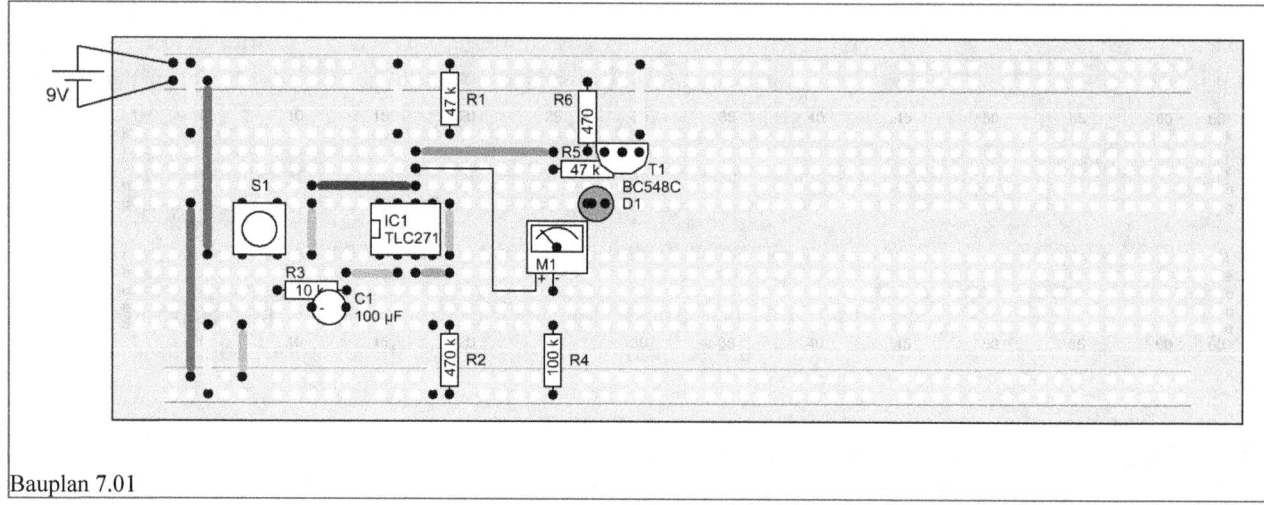

Bauplan 7.01

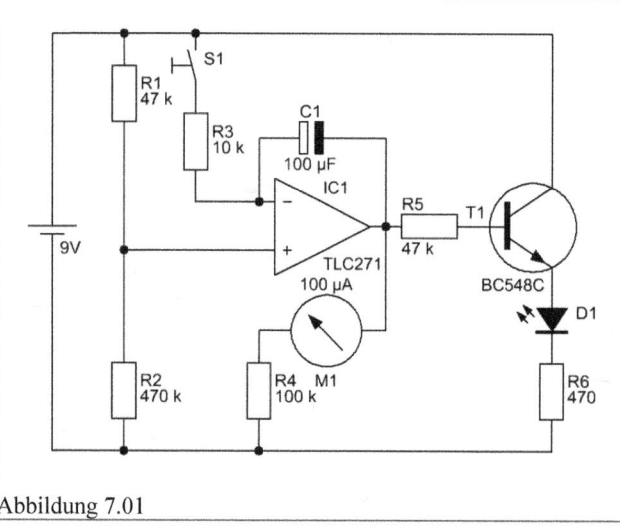

Abbildung 7.01

Bevor diese Schaltung in Betrieb genommen wird, sollte der Kondensator mit Hilfe einer Drahtbrücke komplett entladen werden.

Schließt man die Batterie an, leuchtet die LED D1 voll auf und das Messwerk zeigt nahezu die Betriebsspannung an. Wird jetzt der Taster S1 ganz kurz gedrückt, wird die LED dunkler und die Spannung sinkt.

Sobald der Taster wieder los gelassen wird, bleibt der aktuell erreichte Zustand erhalten und ändert sich so lange nicht, bis der Taster erneut betätigt wird. Wird der Taster erneut geschlossen, sinkt die Spannung weiter und bleibt erneut stehen, wenn man S1 wieder öffnet.

Gehen wir erst einmal davon aus, dass der Kondensator C1 komplett entladen ist. Am positiven Eingang des Operationsverstärkers liegen 8,25 V, die über den Spannungsteiler R1 und R2 erzeugt werden.

Am −-Eingang befinden sich 0 V, da der Elko keine Spannung besitzt. Dies hat zur Folge, dass der OP am Ausgang auch 8,25 V hat.

Wird nun der Taster betätigt, lädt sich der Kondensator auf. Die Spannung am negativen Eingang steigt, dadurch sinkt gleichzeitig die Ausgangsspannung.

Lässt man den Taster nun wieder los, bleibt die Spannung am Kondensator erhalten. Diese Spannung hält sich, je nach Güte des Kondensators und dem Eingangswiderstand des Operationsverstärkers, einige Tage.

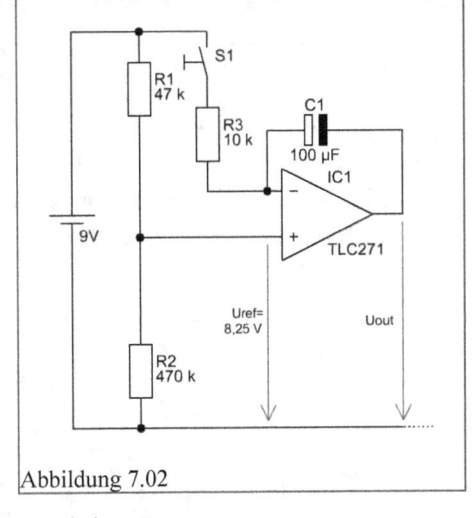
Abbildung 7.02

Der TLC271 hat einen Eingangswiderstand von ca. 10^{12} Ω. Wer möchte, kann ja einmal ausrechnen, wie lange es dauert, bis der Elko sich wieder entladen hat, wenn der Taster nicht wieder betätigt wird.

Kapitel 8: Ein wahrsagender Operationsverstärker

Viele kennen vielleicht die Wetteranzeigen, die mit Hilfe von 2 Signallampen anzeigen, ob das Wetter gerade besser oder schlechter wird. Einige werden sich evtl. fragen wie die Schaltung dies bewerkstelligt. Auch hier arbeitet ein Operationsverstärker, ein so genannter Tendenzierer. Diesen testen wir einmal mit einer weiteren Schaltung nach Bauplan 8.01.

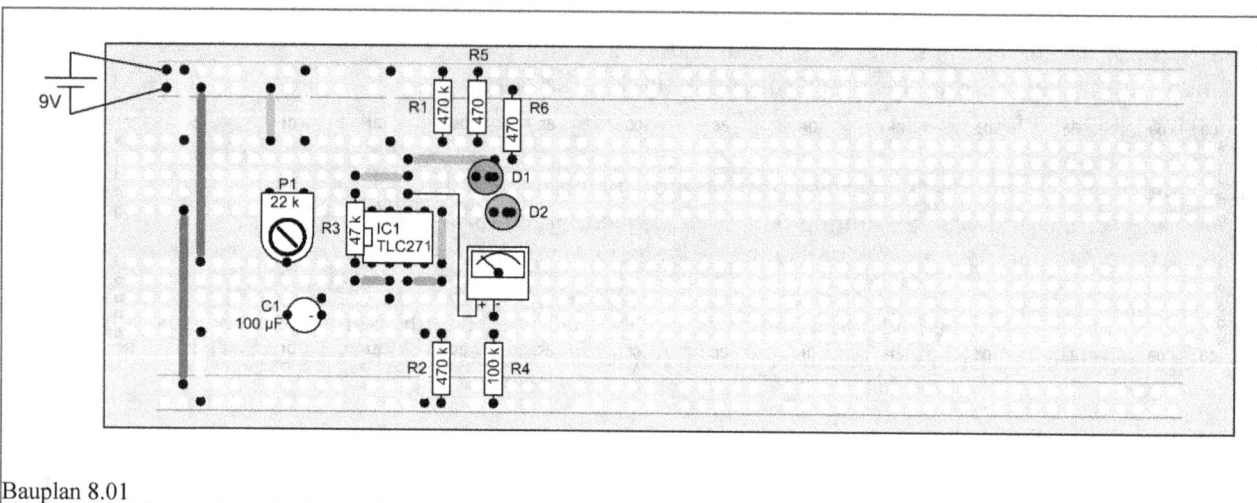

Bauplan 8.01

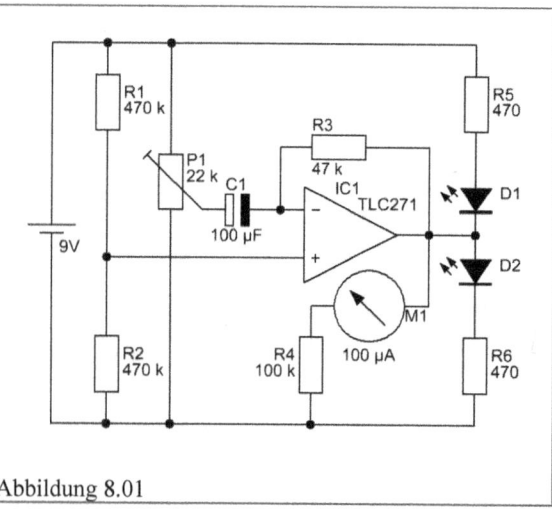

Abbildung 8.01

Im ersten Moment, nach dem anstecken der Batterie, schlägt das Messwerk aus. Es kann einen Augenblick dauern, aber nach kurzer Zeit oder sofort zeigt das Messinstrument uns eine Spannung 4,5 V an. Drehen wir nun am Trimmer, dann wird je nach Drehrichtung, die LED D1 oder D2 dunkler und der Zeiger des Messwerkes sinkt oder steigt. Nach einem kurzen Augenblick zeigt M1 wieder 4,5 V an und beide Leuchtdioden haben die gleiche Stärke.

Hier zeigt der Operationsverstärker also immer eine Änderung der Eingangsspannung an, welche wir in dieser Schaltung durch P1 an die Schaltung geben.

Im Ruhezustand (Messwerk zeigt 4,5 V) besitzt der Kondensator eine Spannung gleich der Referenzspannung. Drehen wir nun P1 in irgendeine Richtung, ändert sich sofort die Spannung an C1. Dadurch entsteht eine Differenz an den Eingängen des Operationsverstärkers. Dem entsprechend wird der Ausgang nach dem Pluspol oder dem Minuspol geschaltet. Nun kann sich der Elko über den Widerstand R3 langsam entsprechend auf- bzw. entladen. Sobald die Differenz an den Eingängen wieder ausgeglichen ist, gibt der OP wieder die Referenzspannung aus.

Kapitel 9: Verpackte Digitaltechnik

In den ersten beiden Bänden haben wir einige digitale Schaltungen und Techniken kennen gelernt. Wer sich heutzutage aber mit digitalen Schaltungen beschäftigt, verwendet dafür in der Regel keine Schaltung mehr, die aus einzelnen Transistoren und/oder Dioden besteht. Die Industrie bietet eine riesige Auswahl von fertigen Bausteinen an, in denen nahezu alle denkbaren Funktionen dieser Technik enthalten sind. Angefangen vom einfachen Gatter bis hin zu Mikroprozessoren, die das Herzstück eines Computers bilden.

Es gibt in der Digitaltechnik verschiedene so genannte Familien. 2 große Schaltkreis-Familien beherrschen zurzeit den Markt. Zum einen ist es die TTL-Technik. TTL bedeutet ausgeschrieben Transistor-Transistor-Logik. Diese Technik arbeitet also mit Transistoren. Signifikantes Merkmal dieser Technik ist die feste Betriebsspannung von 5 V, die sich bis heute bei den meisten Digitalschaltungen, insbesondere bei Computerschaltungen, durchgesetzt hat.

Die zweite große Familie ist die CMOS-Technik. Diese Digital-Familie wird meist dort eingesetzt, wo es um kleinere Steuerungen geht, in denen auch mit anderer Betriebsspannung gearbeitet. CMOS-ICs arbeiten mit Betriebsspannungen von bis zu 15 V. Da wir hier 9 V verwenden, können wir diese Bausteine ohne Spannungsanpassung verwenden.

Abbildung 9.01

Die Schaltkreise, die wir hier verwenden, befinden sich in einem Gehäuse, dass so ähnlich aussieht wie in der Abbildung 9.01. Typisch für die CMOS-Reihe ist, dass sich in der Typbezeichnung immer die Ziffernfolge 40xxx oder 45xxx befindet.

Für die ersten Versuche benötigen wir einen Schaltkreis, der 4001 genannt wird. Hier kann es bei den diversen Herstellern zu Unterschieden kommen. Einige nennen diesen Schaltkreis HEF/HCF 4001, andere CD4001. Die Ziffernfolge 4001 ist aber immer zu finden.

Abbildung 9.02 zeigt die Anschlussbelegung des CMOS-Schaltkreises 4001. Dieses beinhaltet 4 ODER-NICHT (NOR) Gatter mit jeweils 2 Eingängen. Beim Aufbau von Schaltungen mit Schaltkreisen ist immer darauf zu achten, dass die ICs auch an die Betriebsspannung gehängt werden müssen. Beim 4001 ist es der Pin 14 für den Pluspol und an Pin 7 wird der Minuspol angeschlossen.

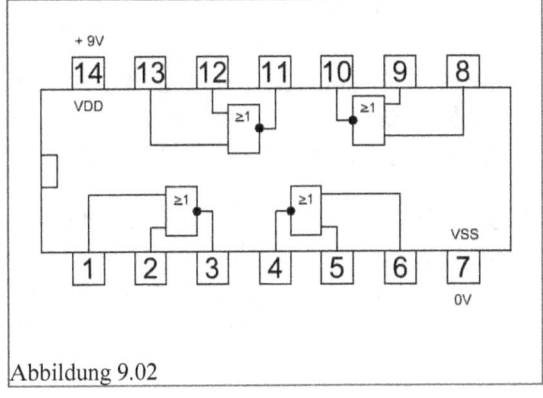
Abbildung 9.02

Die Pins werden hier als Vdd und Vss bezeichnet. Dies ist die übliche Bezeichnung für die Betriebsspannung bei digitalen Schaltkreisen. Um nun das IC zum Leben zu erwecken, bauen wir einen Versuch nach Bauplan 9.01 auf.

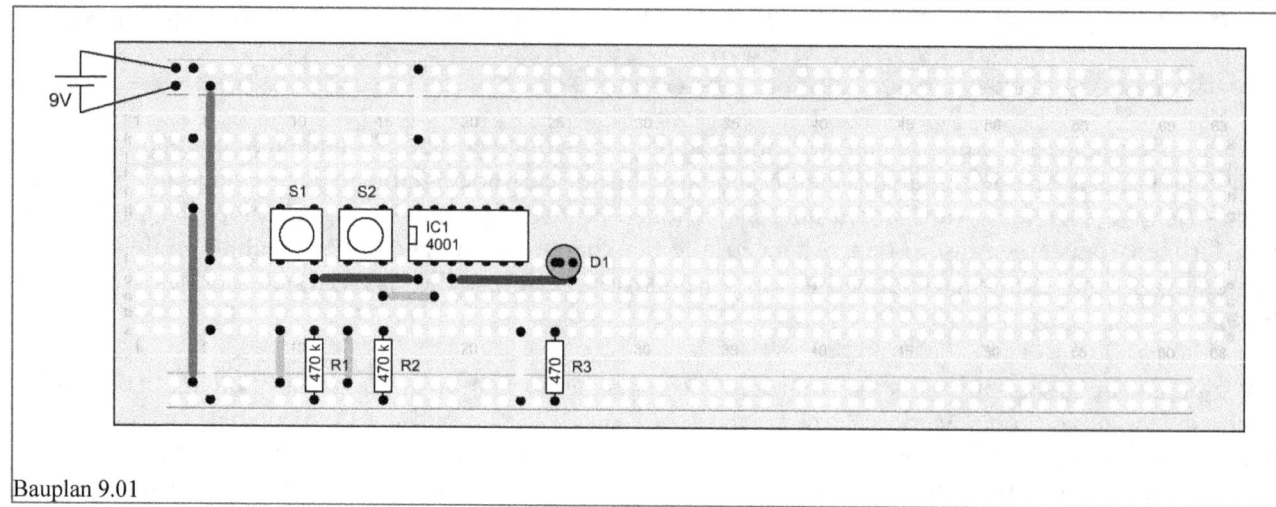

Bauplan 9.01

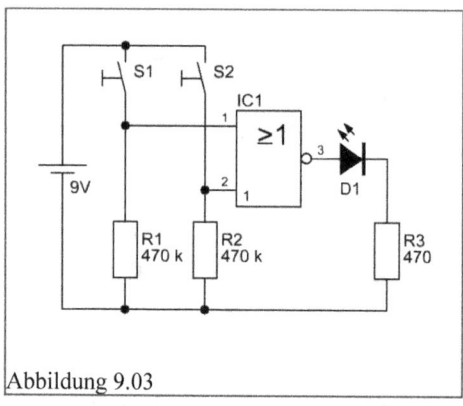

Abbildung 9.03

Im Schaltbild nach 9.03 ist die einfachste Beschaltung des 4001 zu sehen. Wir erkennen, dass von dem IC nur 1 Gatter verwendet wird. Welches der 4 Gatter verwendet wird, zeigt man durch eine kleine ‚1' im Gatter-Symbol. Ebenso werden die Nummern der Pins an die Anschlüsse geschrieben. Dies ist bei einzelnen Gattern zwar noch nicht notwendig, aber es gibt Schaltkreise, die sind sehr komplex und man wäre ohne die genaue Bezeichnung der benötigten Pins nahezu verloren.

Es ist im Plan auch zu erkennen, dass hier 2 Widerstände (R1 und R2) dafür sorgen, dass das Gatter einen genau definierten Spannungswert erhält. Wird keiner der beiden Taster S1 oder S2 betätigt, sorgen die Widerstände dafür das ein Nullpotential an den Eingängen anliegt.

CMOS-Schaltkreise bestehen hauptsächlich aus MOSFET-Transistoren. Somit benötigt der Eingang nahezu keinen Strom. Der Wert von 470 kΩ ist dafür eigentlich schon viel zu klein. Man könnte problemlos die beiden Widerstände um einiges erhöhen.

Bei der Inbetriebnahme leuchtet die LED D1 auf. Wer sich noch einmal die NOR-Tabelle aus Band 2, Kapitel 14 erinnert, wird vielleicht noch wissen, dass der Ausgang eine ‚1' führt, solange keiner der Eingänge eine ‚1' erhält. Drückt man nun einen oder beide Taster, verlischt die Leuchtdiode.

Wie wichtig hier nun die beiden PullDown-Widerstände R1 und R2 sind zeigt sich deutlich, wenn man einmal einen der beiden Widerstände entfernt. Sobald dies gemacht wurde, ist die Funktion der Schaltung nicht mehr kontrollierbar. Die Leuchtdiode flimmert oder geht auch ganz aus. Schlimmer wird das Verhalten noch, wenn man den entsprechenden Eingang, wo der Widerstand fehlt, mit dem Finger berührt.

Möchte man mehrere Gatter miteinander verbinden, ist dies ganz einfach zu bewerkstelligen. Als Beispiel bauen wir aus dem Oder-Nicht-Gatter einmal ein Oder-Gatter. Dazu verwenden wir ein zweites Gatter aus unserem IC (Bauplan 9.02).

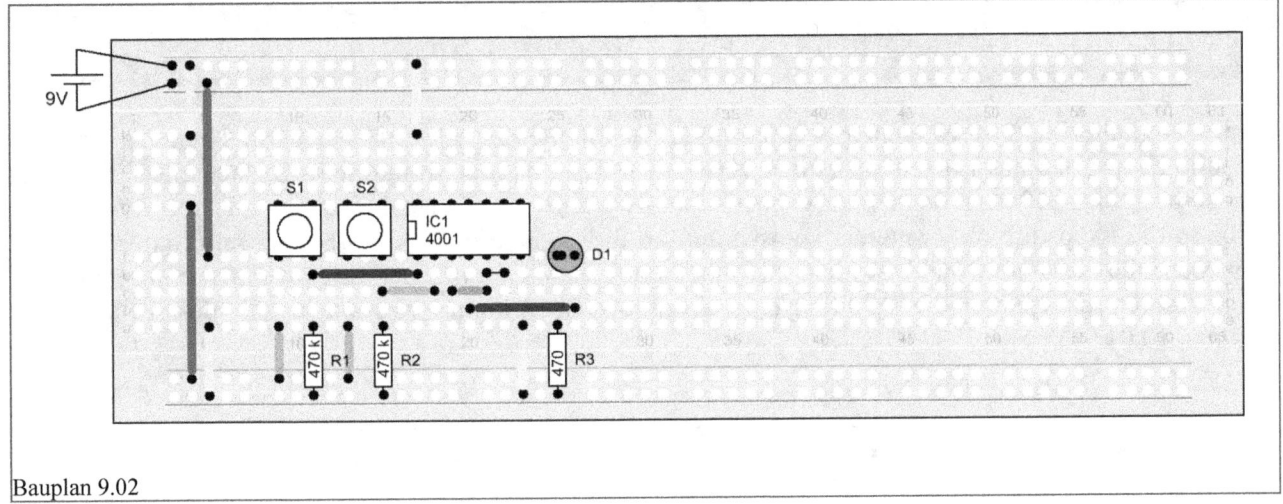

Bauplan 9.02

Um aus einem NOR-Gatter ein Oder-Gatter zu machen, muss man den Ausgang des ersten Gatters nochmals invertieren. Hierzu brauchen wir nur beim 2. Gatter die beiden Eingänge verbinden. Jetzt verhält sich dieses Gatter wie ein Inverter.

Jetzt bleibt die Leuchtdiode beim Einschalten dunkel. Sie leuchtet erst auf, wenn einer der beiden Taster betätigt wird.

So wie hier nun 2 Gatter miteinander verbunden werden, kann man auch weitere digitale Schaltkreise

Abbildung 9.04

anschließen. Die Ausgänge der Schaltkreise sind so ausgelegt, dass man diese ohne weiteres mit den Eingängen anderer Schaltkreise verbinden kann. Dies macht die Digitaltechnik technisch relativ einfach.

Kapitel 10: Aus NOR wird FlipFlop

In der Digitaltechnik ist es immer wieder nötig bestimmte Signale zu speichern. Hierzu kann man bistabile Kippstufen aus Einzeltransistoren verwenden. Dies hat aber mindestens 2 Nachteile. Erstens ist der Verdrahtungsaufwand doch relativ hoch und Zweitens muss man bei einem diskret aufgebauten FlipFlop die Kippstufe mit weiteren Transistoren an die Signale der CMOS-Schaltkreise anpassen. Der entsprechende Gesamtaufwand ist nicht zu verachten. Erheblich einfacher ist es wenn wir unseren 4001 so verdrahten, dass dieser die Funktion eines FlipFlops übernimmt. Dies macht z.B. der Aufbau nach Bauplan 10.01.

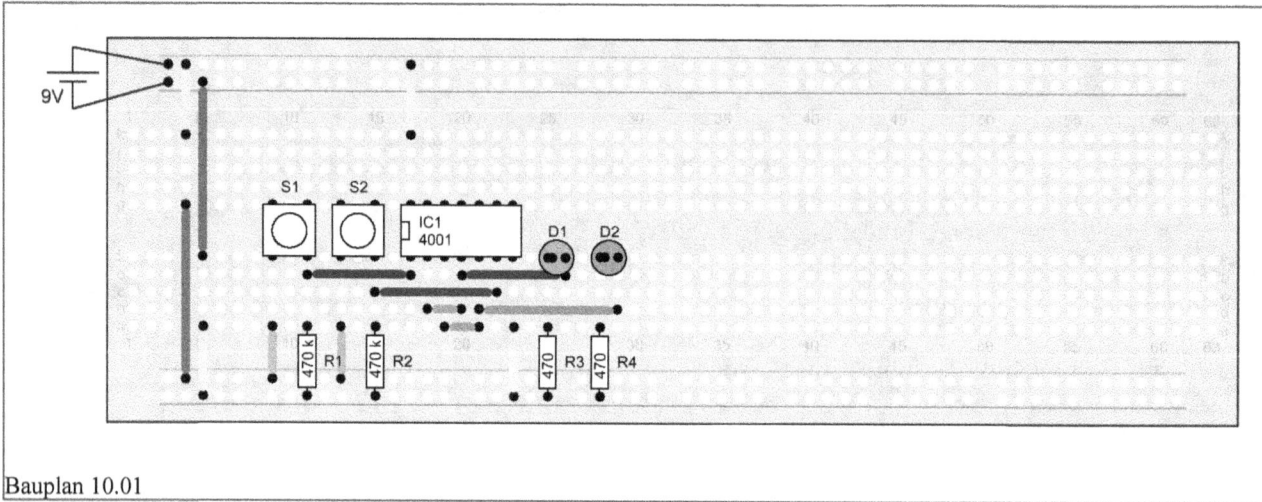

Bauplan 10.01

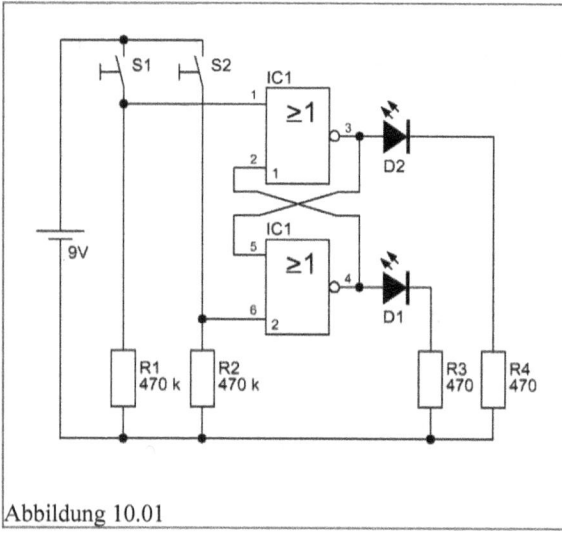

Abbildung 10.01

Hier werden nun 2 NOR-Gatter ‚über Kreuz' verdrahtet. Der Ausgang des 1. Gatters geht an einen Eingang des 2. und umgekehrt.

Legt man Spannung an die Schaltung, leuchtet eine der beiden Leuchtdioden auf. Welche LED an geht, kann man hier nicht vorhersagen.

Mit den Tastern S1 und S2 ist es jetzt möglich, zwischen beiden Leuchtdioden umzuschalten. S1 schaltet D2 ein und entsprechend wird D1 durch S2 eingeschaltet.

Sobald eine der beiden LEDs aktiviert wurde, ist die andere Seite so lange verriegelt, bis mit dem entgegen gesetzten Taster dem FlipFlop was anderes eingegeben wird.

Beim Einschalten ist eine der beiden Leuchtdioden aktiv. Für die genaue Erklärung wird einfach angenommen das D2 leuchtet.

Dies bedeutet, dass der Ausgang vom 1. Gatter ein ‚1'-Signal führt. Dies resultiert daraus, dass S1 geöffnet ist und von Gatter 2 auch ein ‚0'-Signal geliefert wird.

Da der Ausgang vom Gatter 1 auf ein Eingang des 2. Gatters geführt ist, erzeugt dieses eben das nötige ‚0'-Signal.

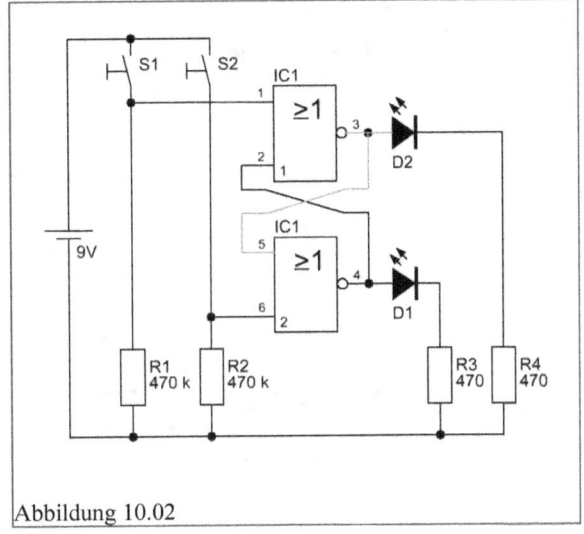

Abbildung 10.02

Betätigt man jetzt S1, wird eine 1 auf das 1. Gatter gegeben. Dadurch geht der Ausgang sofort auf 0. Die Leuchtdiode D2 erlischt.

Die 0 vom 1. Gatter wird wieder zurück geführt auf Gatter 2. Nun sind beide Eingänge vom 2. Gatter auf 0 und dessen Ausgang geht auf 1. Die LED D1 leuchtet auf.

Das entstehende ‚1'-Signal wird wieder auf den Eingang des 1. Gatters geführt.

Abbildung 10.03

Lässt man den Taster wieder los, bleibt der Ausgang von Gatter 1 auf 0 und der Ausgang des 2. Gatters auf 1.

Dieser Zustand bleibt nun solange erhalten, bis der Taster S2 betätigt wird. Dann wiederholt sich das ganze Spiel. Nur dass hier dann die beiden Gatter vertauscht sind.

Eine erneute Betätigung von S1 bewirkt jetzt keine Änderung der Signale.

Ein kleines Problem haben wir aber bei dieser Schaltung. Wird die Versorgungsspannung angeschlossen, kann man nicht vorhersagen welches der beiden Gatter nun durchsteuert bzw. welche der beiden LEDs dementsprechend aufleuchtet. Für die Praxis eine

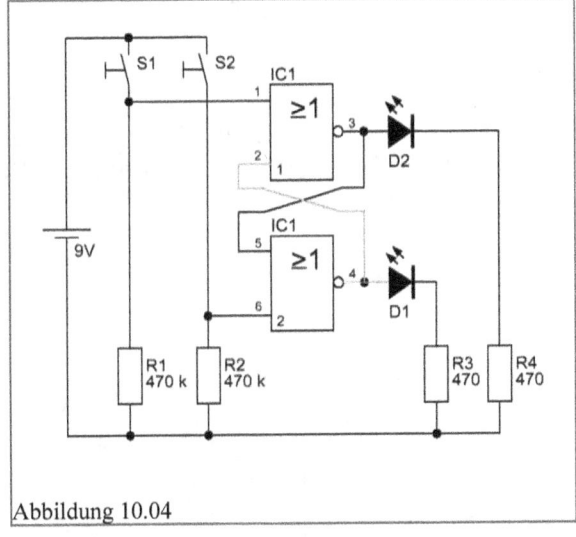

Abbildung 10.04

recht ungünstige Situation. Dieses Problem ist aber relativ einfach zu beheben. Es muss nur ein Kondensator parallel zu einem der beiden Taster gelegt werden. Im Bauplan 10.02 ist der so erweiterte Aufbau zu sehen.

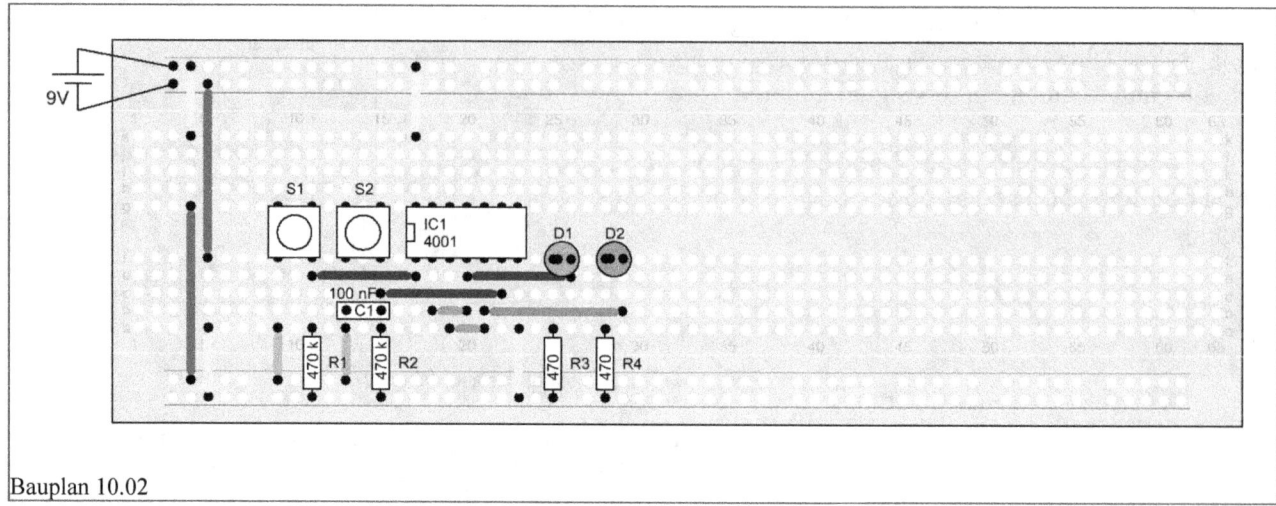

Bauplan 10.02

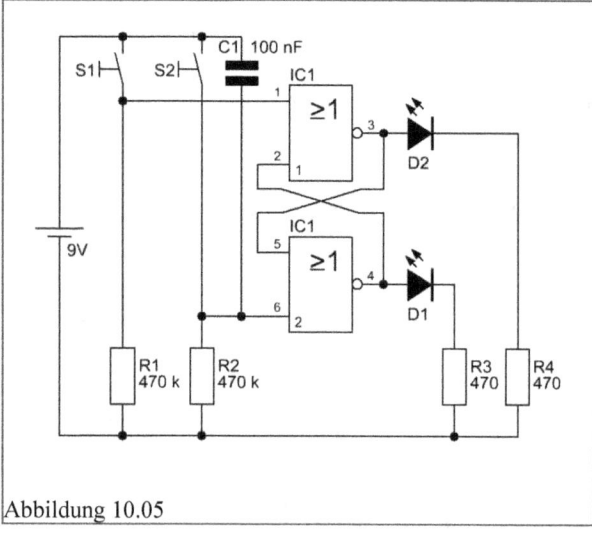

Abbildung 10.05

Nun leuchtet immer sofort D2 auf, wenn man die Batterie anklemmt. C1 hat hier die Funktion des Tasters im Einschaltmoment.

Wie bereits bekannt ist, ist ein leerer Kondensator im ersten Moment wie ein Kurzschluss. In diesem Fall ist es so, als würde sofort nach dem Einschalten der Taster S2 betätigt.

Diese Art des FlipFlops nennt man auch SR-FlipFlop. S steht für setzen oder dem englischen Set und R für Rücksetzen oder englisch Reset.

Welcher Eingang nun zum Setzen und welcher zum Rücksetzen verwendet werden soll, muss die entsprechende Anwendung entscheiden. Lassen wir z.B. eine der beiden Leuchtdioden weg, wäre der Eingang, der die übrig gebliebene ansteuert der Set-Eingang, der andere Eingang demzufolge der Reset.

Kapitel 11: Takt bitte

Digitalsteuerungen benötigen oft ein bestimmtes Taktsignal. Sei es um bestimmte Warnfunktionen durch blinken auszugeben oder als Takt für Zählschaltung und Steuerungen. In diesem Kapitel soll gezeigt werden, wie wir relativ einfach ein Taktsignal erzeugen können.

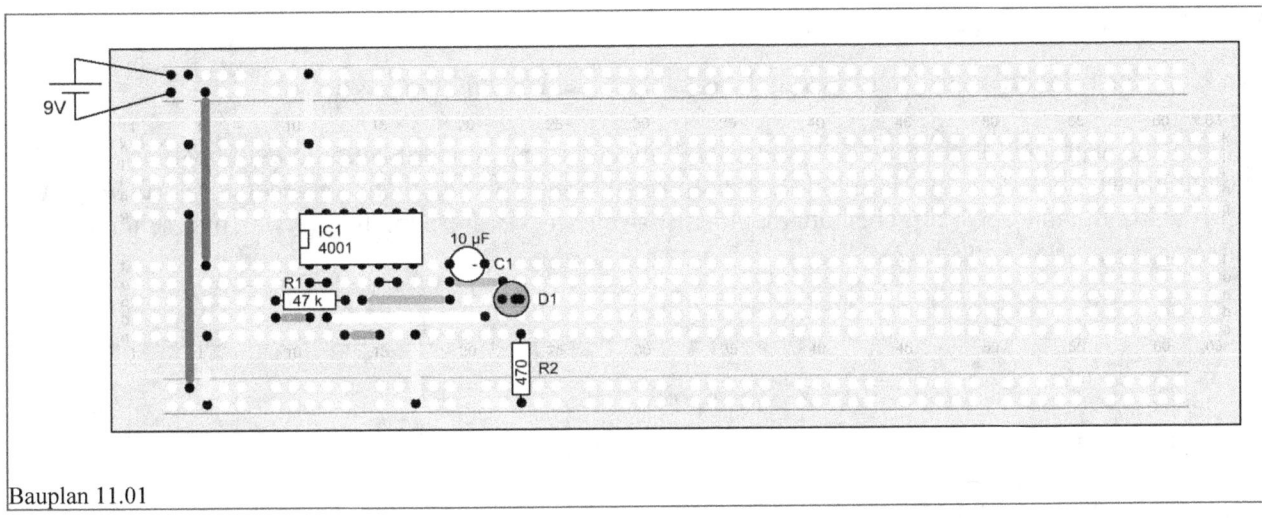
Bauplan 11.01

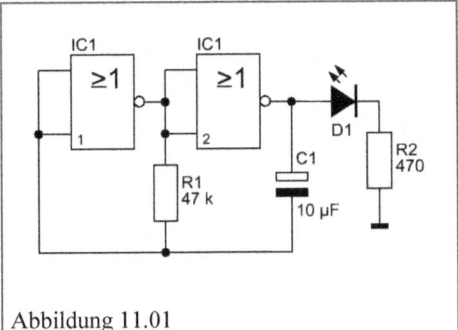
Abbildung 11.01

Um einen Takt zu erzeugen, benötigen wir nur 2 Inverter, einen Kondensator und einen Widerstand. Die Inverter bauen wir uns aus 2 Gattern unseres 4001.

Da im Schaltplan 11.01 keine Spannungsversorgung explizit gezeichnet werden muss, wird die LED über den Widerstand an Masse angeschlossen, was bei uns der Minuspol der Batterie ist.

Wird die Spannung angelegt, beginnt die Leuchtdiode zu blinken. Wie schnell diese blinkt, bestimmen der Kondensator C1 und der Widerstand R1. Wenn man diese vergrößert oder auch verringert, verändert sich die Blinkfrequenz.

Im Grunde funktioniert der Taktgeber wie ein Inverter, dessen Ausgang gleich wieder auf den Eingang zurückgeführt wird. Wir müssen nur dafür sorgen, dass diese Rückführung etwas verzögert wird. Dies erreichen wir durch das Zuschalten von dem Widerstand und dem Kondensator.

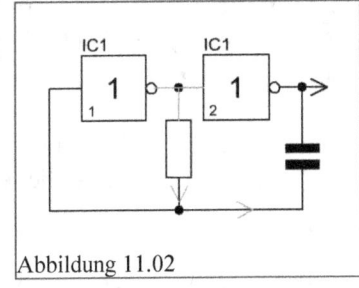
Abbildung 11.02

Da es sich in unserem Versuch eigentlich um 2 Inverter handelt, verwenden wir für die Erklärung auch diese Schaltsymbole. Es wird erst einmal angenommen, dass der Kondensator entladen ist und somit am Eingang des 1. Inverters 0 V anliegen. Dadurch entsteht am Ausgang eine ‚1'. Da nun der 2. Inverter ein ‚0'-Signal ausgibt kann sich der Kondensator über den Widerstand langsam aufladen. Da die Kondensatorspannung auch am Eingang des 1. Gatters anliegt, steigt dort die Spannung auch allmählich an.

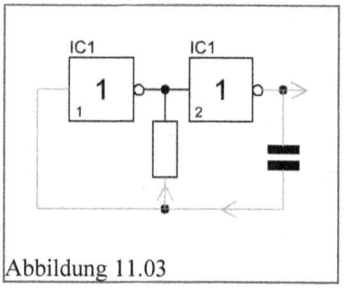
Abbildung 11.03

Ist die Schaltschwelle vom Inverter 1 erreicht, kippt dieser um und die Verhältnisse in der Schaltung ändern sich nun komplett.

Da Inverter 2 jetzt eine ‚0' am Eingang hat, wird der Ausgang aktiv und bei unserem Versuch leuchtet die LED auf. Gleichzeitig entlädt sich der Kondensator nun über den Widerstand wieder. Die Spannung des C sinkt allmählich bis die untere Schaltschwelle des ersten Inverters wieder erreicht ist.

Nun kippt der 1. Inverter wieder zurück und das ganze Spiel beginnt von Vorn.

Man möchte aber nicht immer nur Leuchtdioden blinken lassen, sondern benötigt evtl. bei einer digitalen Schaltung auch einmal einen Alarmton. Hierzu muss man nicht extra einen Tongenerator einfügen. Auch diese Funktion kann der Taktgeber übernehmen. Erweitern wir die Schaltung etwas und schließen den Lautsprecher an (Bauplan 11.02).

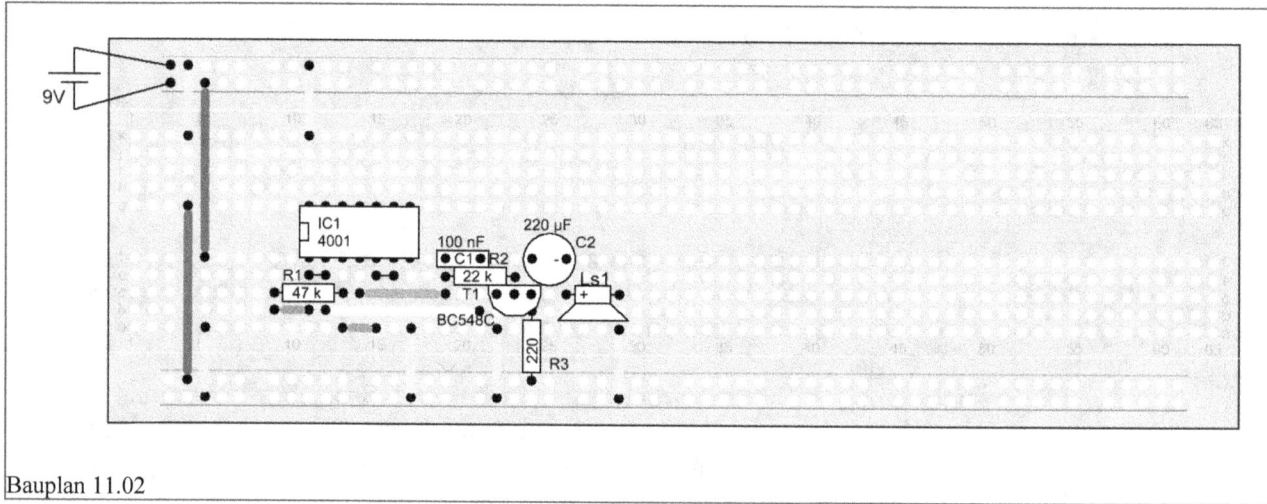
Bauplan 11.02

Wir müssen nur die Taktfrequenz ändern indem der Kondensator ausgetauscht wird. Bedingt dadurch, dass das CMOS-IC keine größere Lasten steuern kann, wurde für die Tonausgabe noch eine Verstärkerstufe angehängt.

Tauscht man den Widerstand R1 aus, kann man noch unterschiedliche Tonhöhen erzeugen.

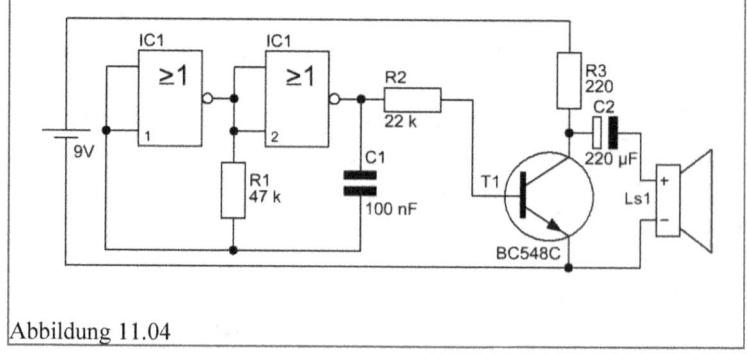
Abbildung 11.04

Diese Schaltung reicht aus, wenn man Frequenzen benötigt, die max. bis wenige MHz betragen müssen. Höhere Frequenzen, wie sie in modernen Computern Verwendung finden, lassen sich mit dieser Schaltung nicht mehr erzeugen. Dazu benötigt man andere Schaltungen. Diese hier vorzustellen, würde aber den Rahmen dieses Buches sprengen. Für einfache Experimente reicht dieser Aufbau aber vollkommen aus.

Kapitel 12: FlipFlop kompakt

FlipFlops benötigt man in der Digitaltechnik an etlichen Stellen. Sei es, um den Status eines Signals zu speichern, als Zähler oder millionenfach als Datenspeicher in Steuerungen und Computern. Dem entsprechend vielfältig ist auch das Angebot an digitalen Schaltkreisen mit FlipFlop-Funktionen.

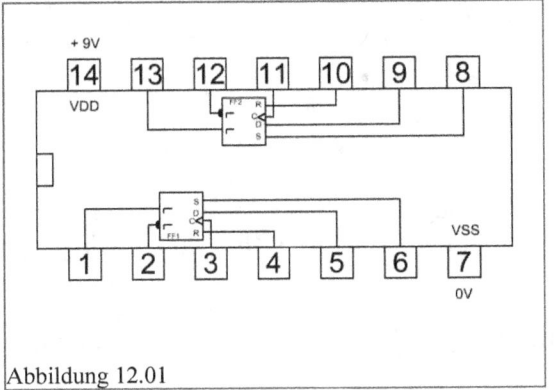

Abbildung 12.01

Hier soll ein Baustein verwendet werden, welcher ein ähnliches Gehäuse besitzt wie der 4001. Auch hier findet man 14 Pins. Dieses IC trägt die Typbezeichnung 4013 und beinhaltet 2 gleiche FlipFlops.

In Abbildung 12.01 ist die Anschlussbelegung dieses ICs zu sehen. Man kann dort auch gleich die Schaltsymbole sehen. Wie zu erkennen ist, kann dieses FlipFlop noch etwas mehr, als nur Setzen und Rücksetzen. Dazu kommen wir später noch.

Als erstes wollen wir einmal die uns schon bekannte Funktion testen. Die Eingänge, die wir nicht verwenden, werden ‚stillgelegt'. In Bauplan 12.01 sehen wir den ersten Versuchsaufbau mit diesem IC.

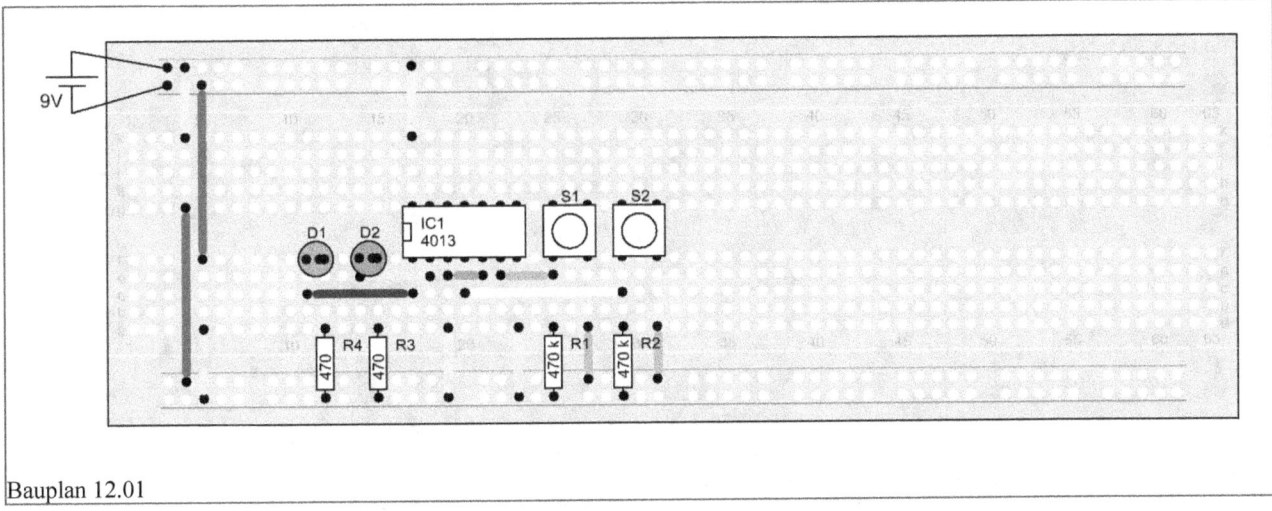

Bauplan 12.01

Beim Anstecken der Batterie leuchtet eine der beiden LEDs auf. Mit Hilfe des Tasters S1 wird die Leuchtdiode D1 aktiviert, mit dem Taster S2 dem entsprechend D2. Wir haben hier also die gleiche Funktion, wie in unserem diskreten Aufbau mit dem 4001.

Beim 4013 wurden die Ausgänge und die Eingänge fest definiert. An Pin 1 befindet sich der Ausgang, welcher mit einem ‚1'-Signal an Pin 6 gesetzt und mit einer ‚1' an Pin 4 zurückgesetzt werden kann. Der Ausgang an Pin 2 ist der Anschluss der Gegenseite des SR-FlipFlops. Da dieser im Grunde immer die Negation vom normalen Ausgang darstellt wird im Schaltbild an diesem Pin ein Inverter-Kreis gezeichnet. Im Schaltplan in Abbildung 12.02 ist dies zu sehen.

Die Funktion einfacher logischer Schaltungen kann man mit Wahrheitstabellen darstellen. Nur bei Schaltungen, die mehrere FlipFlops enthalten, stößt man bei dieser Darstellungsweise sehr schnell an die Grenzen.

Um die Funktion solcher Schaltungen darzustellen, gibt es eine andere Form. Hierfür verwendet man Zeitdiagramme. Hier werden die einzelnen Leitungen mit Grafiken dargestellt.

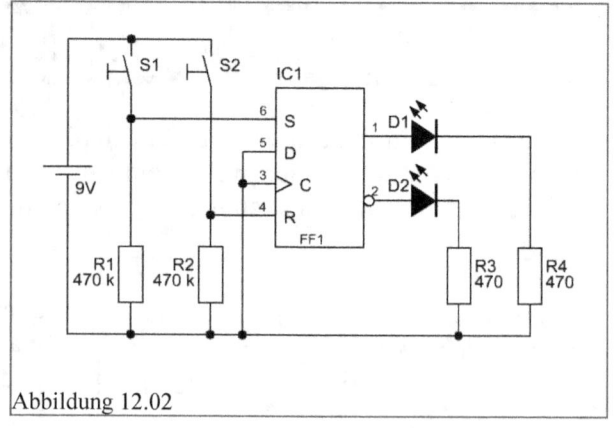
Abbildung 12.02

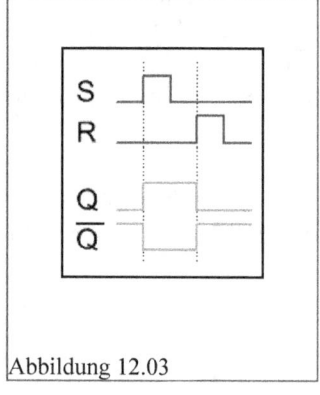
Abbildung 12.03

In der Abbildung 12.03 ist so ein Zeitdiagramm zu sehen. Man kann daraus erkennen, wie sich die Ausgänge verhalten, wenn man bestimmte Eingänge aktiviert.

Solche Tabellen sind sehr hilfreich wenn die Schaltungen erheblich komplexer werden.

Kapitel 13: Wir speichern Daten

Neben dem Festhalten vom Status eines bestimmten Signals haben FlipFlops in sehr vielen Schaltungen eine sehr wichtige Aufgabe. Sie speichern Daten. Ohne diese Fähigkeit wäre heute kein Computer denkbar. Der 4013 hat diese Fähigkeit auch ‚eingebaut'. Hierzu müssen wir nur die Eingänge etwas anders mit den entsprechenden Tastern verbinden. In Bauplan 13.01 wird dieser Aufbau gezeigt.

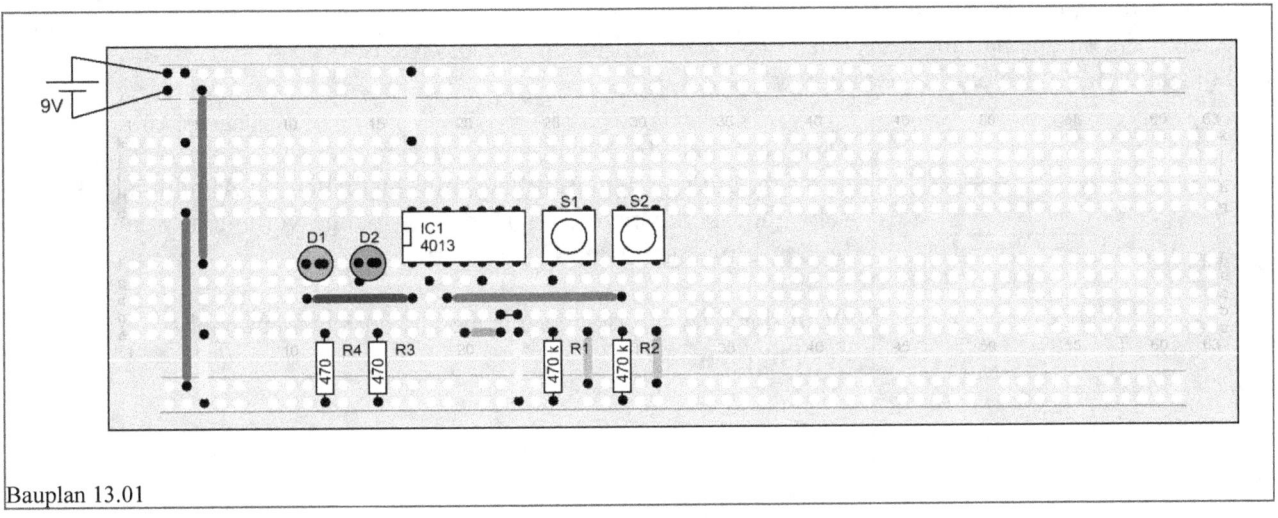

Bauplan 13.01

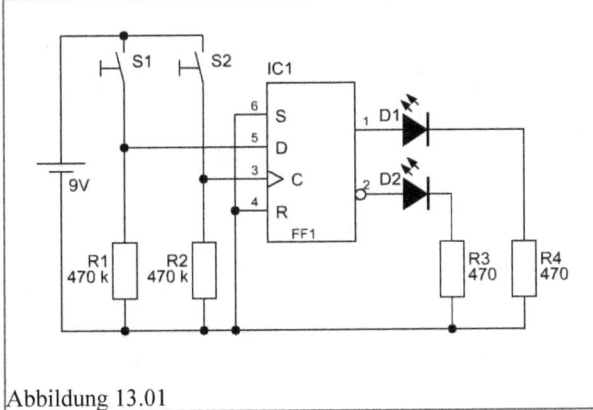

Abbildung 13.01

Will man bei dieser Schaltung dem FlipFlop Daten übergeben, muss man den entsprechenden Bitstatus mit Hilfe des Tasters S1 anlegen und dann kurz den Taster S2 betätigen. Erst beim Betätigen von S2 werden die Daten in das FlipFlop übernommen.

D1 zeigt hier an, dass das FlipFlop eine ‚1' gespeichert hat, während D2 eine ‚0' im Speicher signalisiert. Wer die Anzeige des ‚0'-Signals störend findet, kann die Leuchtdiode D2 ja aus dem Aufbau entfernen.

Verändert man, während der Übernahmetaster S2 noch gedrückt ist, den Status vom Datentaster S1, bleiben die Ausgänge so erhalten, wie der Datenstatus beim Drücken von S2 war. Ob man S1 los lässt, während S2 noch geschlossen ist, spielt keine Rolle.

So ein Verhalten ist typisch für einen so genannten dynamischen Eingang. Eine Schaltung reagiert nur, wenn sich das Signal an einem Eingang ändert. Sobald die Änderung stattgefunden hat, können die anderen relevanten Eingänge beliebig geändert werden. Die Schaltung nimmt davon keine Notiz mehr.

Diese Art von FlipFlop wird auch als D-FlipFliop oder auch Daten-FlipFlop bezeichnet. So eine Schaltung wird oft zu mehreren zusammengefasst. Die C-Eingänge, welche ausgeschrieben auch Clock-Eingänge heißen, werden gemeinsam angesteuert. Solche Schaltung wird dann als Daten-Register oder Daten-Latch bezeichnet. In Abbildung 13.02 ist das Grundprinzip solch eines Registers zu sehen.

Man kann auch etliche Register parallel schalten und dann, je nachdem welche Speicherzelle man beschreiben möchte, das entsprechende Clock-Signal aktivieren. So eine Schaltung nennt sich dann RAM (Random Access Memory) und dürfte wohl jeder vom PC her kennen.

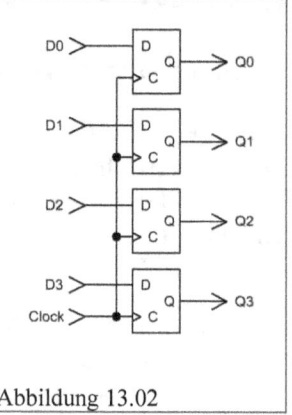

Abbildung 13.02

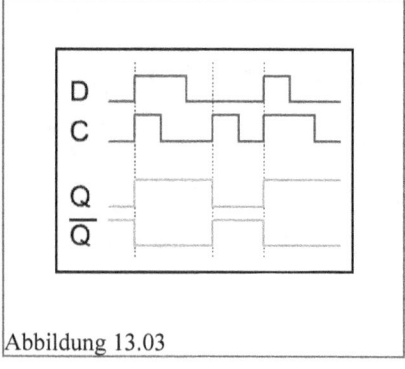

Abbildung 13.03

Das Verhalten der Schaltung lässt sich hier nun sehr gut in einem Zeitdiagramm festhalten. In Abbildung 13.03 ist sehr gut zu erkennen wie sich die Ausgänge verhalten, wenn man die beiden Eingänge D und C ansteuert.

Wird der Clock-Eingang angesteuert spricht man auch vom Triggern des FlipFlops.

Kapitel 14: Elektronische Zahlen

Die meisten haben sich sicherlich schon einmal gefragt, wie ein Computer es schafft, so mit Zahlen umzugehen und dies obwohl es nur die beiden Zustände ‚0' und ‚1' gibt. Die Lösung des Rätsels ist das Dualsystem. Dies funktioniert ähnlich wie unser Dezimalsystem, nur eben mit den Ziffern 0 und 1.

Nehmen wir einmal die Zahl 20. Im Dezimalsystem benötigen wir 2 mal die Wertigkeit 10 und 1x die Wertigkeit 1. Also 2*10+0*1=20. Jede weitere Stelle im Dezimalsystem ist um eine Zehnerpotenz größer. Die 3. Stelle hat also die Wertigkeit von 100, die 4. von 1000 usw.

Wertigkeit	10	1	= 20
Ziffer	2	0	

Abbildung 14.01

Im Dualsystem ist es ähnlich. Nur das hier die einzelnen Ziffern die Wertigkeit einer Zweierpotenz haben. Wenn wir uns die Zahl 20 im Dualsystem ansehen, kommen wir auf die Dualzahl 10100.

Wertigkeit	16	8	4	2	1	= 20
Ziffer	1	0	1	0	0	

Abbildung 14.02

Möchte man eine Dualzahl oder auch Binärzahl, wie diese Darstellung auch genannt wird, in eine Dezimalzahl umwandeln, muss man nur die Wertigkeiten addieren, deren Ziffern mit einer ‚1' belegt sind. Bei der 20 sähe es dann so aus: 16+4=20. In der Tabelle in Abbildung 14.02 kann man dies auch erkennen.

Dieses System jetzt in digitale Schaltungen zu fassen ist nun kein Problem mehr. Die Ziffer 0 ist einfach ein ‚0'-Signal und die Ziffer 1 dem entsprechend ein ‚1'-Signal. Auf diesem System baut nun das ganze Zahlensystem eines Computers auf.

Kapitel 15: Zählende Elektronik

Neben dem Speichern von Daten und das Festhalten des Status eines bestimmten Signales, haben FlipFlops noch eine Eigenschaft, welcher sehr häufig in der Digitalelektronik benötigt wird. Sie können zählen. Um zu verstehen, müssen wir uns erst einmal die genauen Bedingungen anschauen, wie man digital zählt.

Abbildung 15.01

Wir brauchen uns nur einmal die Zahlen in Digitaltechnik ansehen, so wie sie in der Abbildung 15.01 zu sehen sind. Es ist dort relativ leicht zu erkennen, dass die nächste Digitalziffer immer dann wechselt, wenn die vorherige Stelle von 1 auf 0 wechselt.

Dieses Verhalten lässt sich mit unserem FlipFlop relativ leicht nachbauen. Hierzu müssen wir nur dafür sorgen, dass beim Takt immer das Gegenteil vom aktuellen Ausgangszustand am Dateneingang anliegt. So eine Stufe bauen wir einmal mit dem Bauplan 15.01 auf.

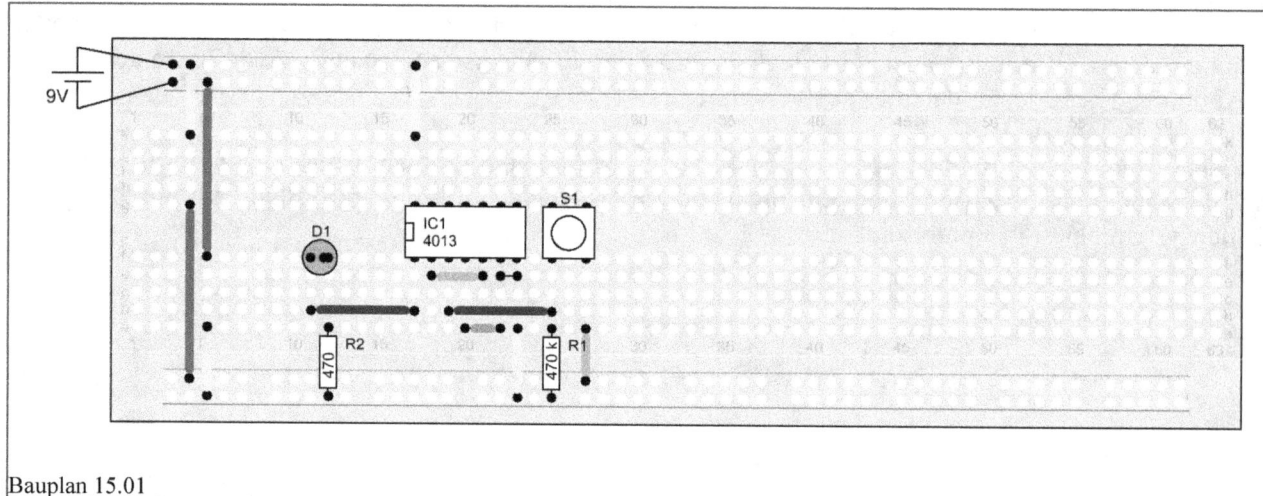

Bauplan 15.01

Wird diese Schaltung in Betrieb genommen, kann man nun die Leuchtdiode D1 mit dem Taster S1 ein- bzw. abschalten. Wir haben somit schon einmal das erste Bit für unseren Zähler nach der Tabelle in Abbildung 15.01.

Das Umschalten wird dadurch erreicht, indem wir den negierten Wert des Ausgangs an den Dateneingang zurückführen. Dieser Ausgangswert wird dann immer beim nächsten Taktimpuls vom Taster S1 übernommen.

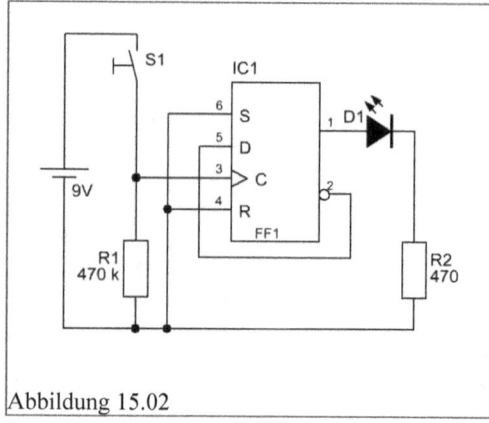

Abbildung 15.02

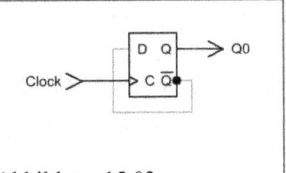

Schauen wir uns diese Vorgänge noch einmal mit vereinfachten Grafiken an. In Abbildung 15.03 wird angenommen, dass der Ausgang gerade eine ‚0' führt. Der negierte Ausgang wird nun auf den Dateneingang zurückgeführt und wartet dort auf die Übernahme.

Abbildung 15.03

Wechselt jetzt das Taktsignal von 0 auf 1, wird das ‚1'-Signal am D-Eingang in das FlipFlop übernommen. Der Ausgang geht entsprechend auch auf ‚1'. Nun wird vom invertierten Ausgang eine ‚0' an den Dateneingang angelegt. Dieser Wechsel am D-Eingang beeinflusst das FlipFlop aber nicht mehr, da es dazu einen erneuten Wechsel des Taktsignals von 0 auf 1 benötigt.

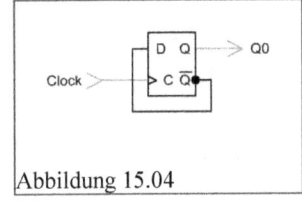

Abbildung 15.04

Geht das Taktsignal wieder auf ‚0', bleibt der aktuelle Zustand erhalten. Erst wenn nun wieder der Takt von 0 auf 1 wechselt, beginnt das Spiel von vorn, aber immer mit den negativen Signalen vom aktuellen Zustand.

Will man weitere Stellen zum Wechseln bringen, also den Zähler um weitere digitale Ziffern erweitern, muss man nur dafür sorgen, dass die nachfolgende Stelle immer wechselt, wenn die vorhergehende Stelle von 1 auf 0 wechselt. Dies passiert hier auch am negativen Ausgang. Ergänzen wir die Schaltung doch einmal mit dem 2. FlipFlop und bauen uns so einen 2 stufigen Binärzähler (Bauplan 15.02).

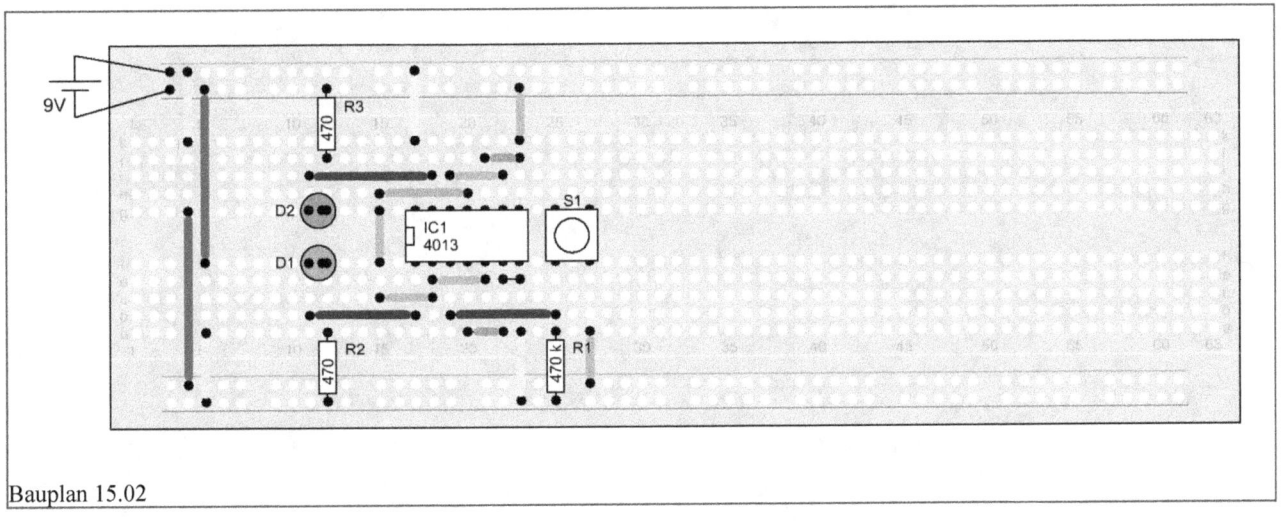

Bauplan 15.02

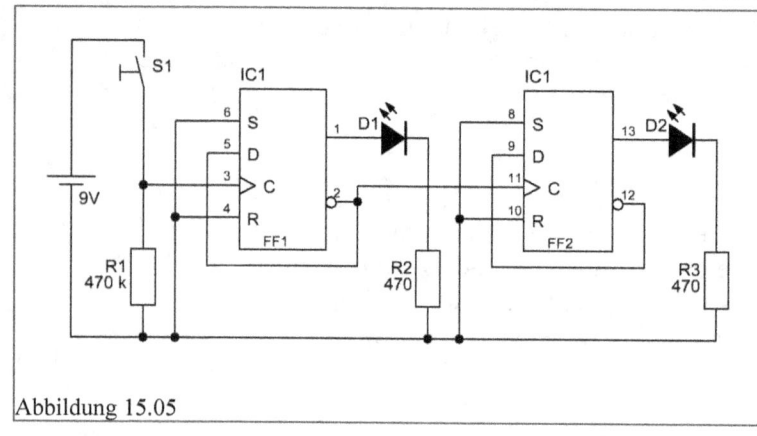

Abbildung 15.05

Hier kann man jetzt bei jedem Tastendruck genau verfolgen, wie die einzelnen Zustände, von der Tabelle aus dem Anfang dieses Kapitels, erzeugt werden.

D1 stellt dabei den Zustand von Q0 dar, während die LED D2 die digitale Ziffer Q1 signalisiert.

Kapitel 16: Digitaltechnik goes Mathematik

Wir haben inzwischen schon mehrere Möglichkeiten kennen gelernt digitale Schaltungen zu beschreiben. Als erstes natürlich durch einen entsprechenden Schaltplan. Dann ist es auch möglich eine Schaltung durch eine Funktionstabelle zu erklären. Schaltpläne haben den Nachteil, dass diese rel. viel Platz benötigen und unter Umständen recht unübersichtlich werden. Wahrheitstabellen zeigen meist nicht direkt die interne Funktion einer Schaltung.

Die Lösung könnte unter anderem sein, wenn wir die Schaltung mit Hilfe von kleinen Formeln beschreiben. Diese sehen ähnlich aus, wie mathematische Formeln, dienen aber nicht dazu irgendwelche Werte zu berechnen.

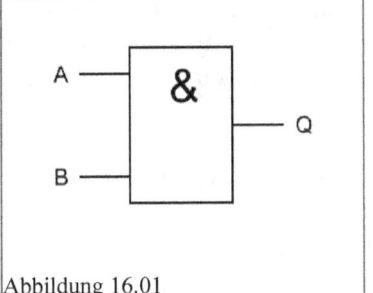
Abbildung 16.01

Besitzt eine digitale Schaltung z.B. eine Und-Verknüpfung, wird dies durch das mathematische Mal-Symbol dargestellt. Die Und-Funktion aus Abbildung 16.01 sieht dann so aus: $Q = A \cdot B$.

Hier ist auch gleich zu erkennen, dass die entsprechenden Ein- und Ausgänge durch Variablen ersetzt werden.

Auch das Oder-Gatter besitzt natürlich eine entsprechende mathematische Funktion. Hier wird das Plus-Zeichen verwendet. Die Oder-Schaltung sieht dann dementsprechend so aus: $Q = A + B$.

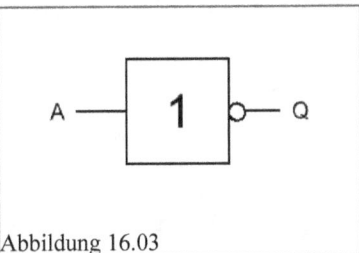
Abbildung 16.03

Abbildung 16.02

Jetzt fehlt nur noch die einfache Invertierung. Hier wird nur die entsprechende Variable oder der Funktionsteil überstrichen, welcher invertiert werden soll. Bei der einfachen Nicht-Funktion sieht dies dann so aus: $Q = \overline{A}$.

Bei komplizierteren Netzwerken kommt es natürlich vor, dass man bestimmte Funktionen oder Schaltgruppen vor anderen Eingängen schalten muss. In der digitalen Formel kann man dies durch Klammerung darstellen. Die Formel für die Schaltung aus Abbildung 16.04 hätte dann folgende Form: $Q = (A \cdot B) + C$.

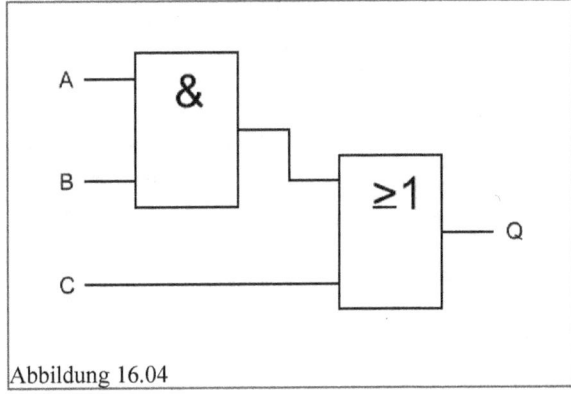
Abbildung 16.04

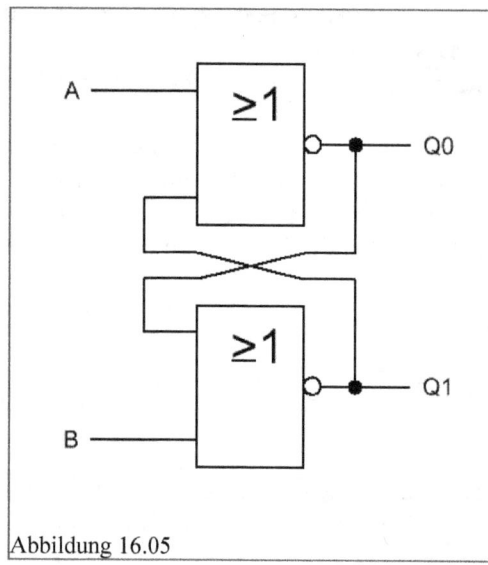
Abbildung 16.05

Als abschließendes Beispiel entwerfen wir einmal die Formeln für das RS-FlipFlop aus Abbildung 16.05.

Hier haben wir nun 2 Oder-Nicht-Gatter, die über Kreuz verdrahtet sind. Hier ist zu beachten, dass es sich im Grunde um 2 Oder-Gatter handelt, dessen Ausgänge invertiert sind. Somit entstehen nun folgende Formeln für die Schaltung:

$$Q0 = \overline{Q1 + A} \text{ und}$$
$$Q1 = \overline{Q0 + B}.$$

Wer sich weiter intensiv mit Digitalelektronik befasst, wird mit diesen Formeln bald wieder zu tun bekommen. Moderne programmierbare Logikbausteine, wie so genannte CPLDs oder FPGAs, werden mit solchen Formeln programmiert, damit diese ‚wissen' was sie tun sollen.

Auch einige Steuerungssysteme wie SPS (Speicherprogrammierbare Steuerungen) arbeiten mit solchen Funktionen.

Kapitel 17: Wenn die Mathematik nicht wäre

Auch in diesem Band wurden wieder einige Schaltungen gebaut, bei denen wir ohne den Taschenrechner zu bemühen nicht sehr weit kommen. Schauen wir uns erst einmal das Messwerk aus Kapitel 1 genauer an.

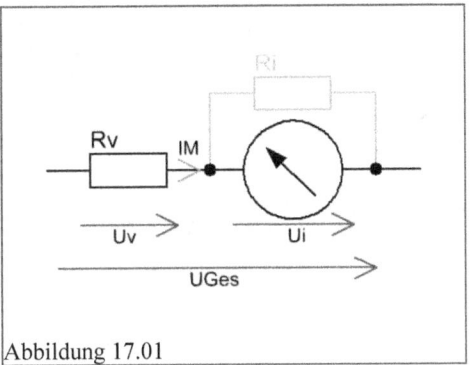

Abbildung 17.01

Soll mit einem Messwerk eine Spannung gemessen werden, kann man im Grunde einfach das ohmsche Gesetz bemühen, da es sich hier nur um einfache Widerstände, Spannungen und einen Strom handelt. Alle Berechnungen zusammengefasst, lässt sich die Formel für den Vorwiderstand relativ einfach erstellen:

$$R_V = \frac{U_{Ges}}{I_M} - R_i$$

IM ist hierbei der maximale Strom, der das Messwerk verträgt. Ri der Innenwiderstand des Messinstruments.

Möchte man ein Messwerk als Strommesser einsetzen, wird oft ein Nebenwiderstand (Shunt) benötigt. Auch diesen kann man berechnen. Hierbei muss an diesem Widerstand die maximal mögliche Spannung am Messwerk anliegen wenn der maximal zu messende Strom fließt. Hierbei muss man den Strom durch das Messwerk selbst natürlich auch berücksichtigen. Man kommt dann auf die Spannungs- und Stromverhältnisse wie in Abbildung 17.02.

Daraus resultiert dann die Formel: $R_n = \frac{U_M}{I_S - I_M}$.

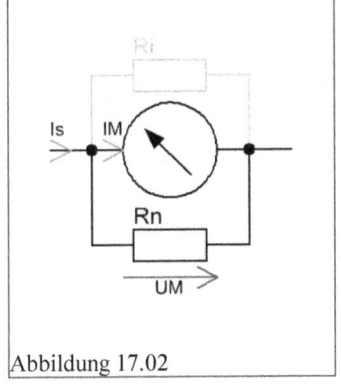

Abbildung 17.02

Komplizierter als die Berechnung für das Messwerk, sind die Formeln für den Operationsverstärker. Diese sind, je nach Schaltungsart, sehr komplex. Hier sollen aber nur die wichtigsten Formeln genannt werden.

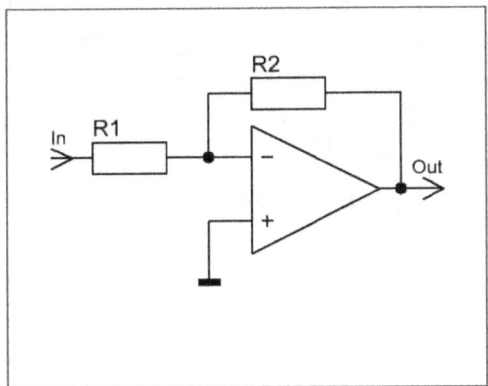

Bei einem invertierenden Verstärker interessieren uns im Grunde nur 2 Formeln. Einmal den Verstärkungsfaktor. Dieser lässt sich einfach mit der Formel $Vu = -\left(\frac{R_2}{R_1}\right)$ berechnen.

Der zweite Wert, den Eingangswiderstand, wird bestimmt durch R1. Da muss nichts weiter berechnet werden.

Etwas komplizierter wird es da schon bei den Berechnungen für den nicht-invertierenden Verstärker. Wie bereits im Kapitel 4 erklärt, ist der Verstärkungsfaktor bei diesem Verstärker immer größer als 1. Dies spiegelt sich auch in der Formel: $Vu = 1 + \dfrac{R_2}{R_1}$ wieder.

Der Eingangswiderstand dieses Verstärkers ist abhängig vom Typ des Operationsverstärkers und kann dadurch durchaus einige MΩ betragen.

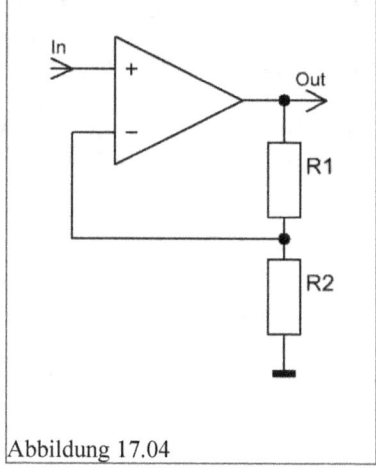
Abbildung 17.04

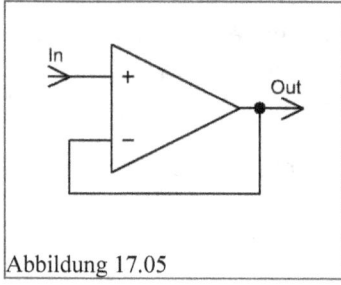
Abbildung 17.05

Lassen wir die beiden Widerstände weg und koppeln den Ausgang direkt mit dem negativen Eingang, besitzt der OP einen Verstärkungsfaktor von 1. Hierzu noch einmal die Skizze in Abbildung 17.05.

Beim Integrierer aus Kapitel 7 ist es wichtig zu wissen, nach welcher Zeit welche Spannung am Ausgang anliegt. Hierzu reicht eine kleine Formel: $U_{Out} = \dfrac{I}{C} \cdot t$. Hierbei berechnet man die Ausgangsspannung, wenn der Strom I eine gewisse Zeit (t) in den Eingang fließt. Die einzelnen Werte sind in Abbildung 17.06 zu erkennen.

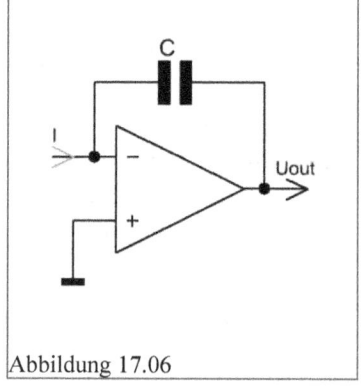
Abbildung 17.06

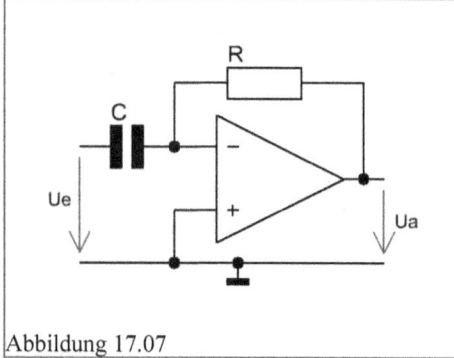
Abbildung 17.07

Recht kompliziert ist dabei die Berechnung für den Tendenzierer. Hier haben wir das Problem, dass wir nicht mit Absolutwerten rechnen können, sondern nur mit Änderungen.

Um die Ausgangsspannung Ua zu berechnen, müssen wir auch die vergangene Zeit seit Änderung der Eingangsspannung berücksichtigen. Dies führt dann zu folgender Formel: $Ua = R \cdot C \cdot \dfrac{\Delta Ue}{\Delta t}$. Dabei ist dann ΔUe der Wert der Spannungsänderung und Δt die Zeit, nachdem die Ausgangsspannung Ua ermittelt werden soll.

Am umfangreichsten sind jedoch die Berechnungen für den Operationsverstärker als Oszillator. Für die einfache Frequenz nehmen wir erst einmal an, dass die beiden Widerstände RM den gleichen Wert besitzen. Dann ergibt sich die Ausgangsfrequenz durch:

$$f = \frac{1}{2 \cdot R_2 \cdot C \cdot \left(1 + 2 \cdot \frac{R_M}{R_1}\right)}.$$

Aber noch etwas schwieriger wird es, wenn wir unterschiedliche Werte für RM haben. Dann muss erst einmal die Ein- bzw. Ausschaltzeit mit: $te/ta = R_2 \cdot C \cdot \left(1 + \frac{R_M}{R_1}\right)$ berechnet werden. Nun ist es möglich, die Ausgabefrequenz mit: $f = \dfrac{1}{ta + te}$ zu ermitteln.

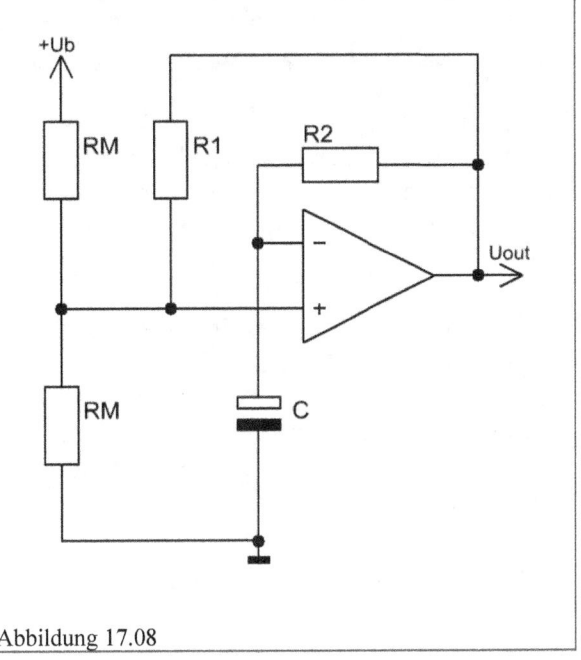
Abbildung 17.08

Ausblick / Vorschau

Wir sind jetzt am Ende des 3. Bandes angekommen. Es gab sicherlich wieder einige spannende Experimente und Versuche. Im 4. (und leider auch letzten) Band dieser Reihe werden wir neben weiteren Bauelementen, mit denen man unter anderem die Umwelt wahrnehmen kann, die Elektronik in der Praxis anwenden. Es wird gezeigt wie man lötet, was beim Entwickeln einer Schaltung zu beachten ist usw. usf.

Im Laufe des Bandes entsteht ein kleines Labornetzteil, welches man nicht nur auf dem Steckboard aufbauen kann. Es wird gezeigt, wie man sich daraus ein erstes eigenes Gerät baut, woran man dann noch einige Jahre Freude haben wird.

Wie bereits gewohnt, gibt es im Anschluss wieder einige interessante Schaltungen zum Nachbauen. Im Anhang befinden sich Tabellen und die technischen Daten der hier verwendeten Bauelemente für eigene Entwicklungen.

Ihr Thomas Krüger

Schaltung 1: Batterieprüfer

Nach etlichen Experimenten kann es sein, dass die Energie der verwendeten Batterie so langsam aufgebraucht ist. Um zu überprüfen, ob die Batterie noch einige Versuche weiter durchhält, dient diese kleine Schaltung.

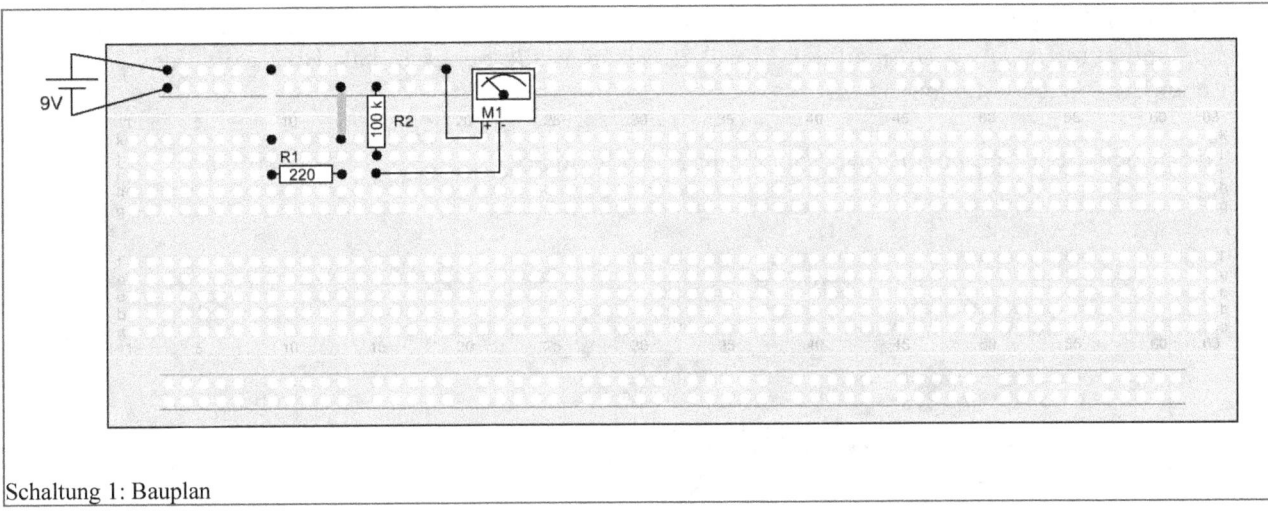

Schaltung 1: Bauplan

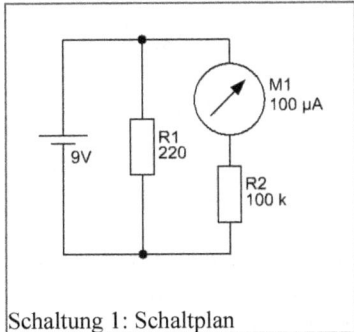

Schaltung 1: Schaltplan

Um die Funktionsfähigkeit einer Batterie zu testen, reicht es nicht aus einfach nur die Batteriespannung zu messen. Vielmehr muss man die Batterie mit einem Strom belasten.

Genau dies wird bei dieser Schaltung durch den Widerstand R1 erreicht. Das Messwerk bildet mit dem Vorwiderstand R2 einen Spannungsmesser. Ist die Batterie noch voll, schlägt das Messwerk bis ca. 90 µA aus, was ca. 9 V entspricht. Ist es erheblich weniger, muss man sich Gedanken um den Einkauf einer neuen Batterie machen. Als Grenzwert sollte man ca. 7 V ansetzen.

Schaltung 2: Elektroskop

Jeder hat es sicher schon einmal erlebt. Man berührt einen metallenen Gegenstand und bekommt einen kleinen Stromschlag, obwohl der Gegenstand überhaupt nichts mit dem Stromnetz zu tun hat.

Hier handelt es sich um die so genannte statische Elektrizität. Im Physikunterricht wurde evtl. das Experiment mit dem Kunststofflineal und den Papierschnipseln gezeigt. Diese schweben wie von Geisterhand zum Lineal, wenn man das Lineal zuvor an Wolle gerieben hat. Hier wurde das Lineal mit statischer Elektrizität aufgeladen.

Mit dieser Schaltung kann man solche Spannungen nachweisen.

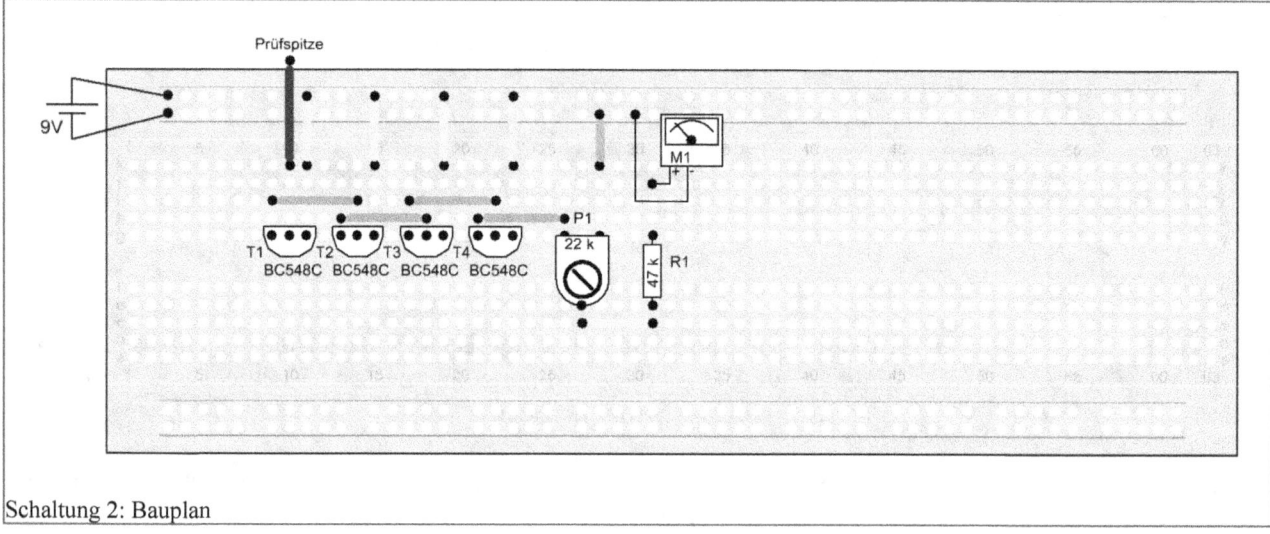

Schaltung 2: Bauplan

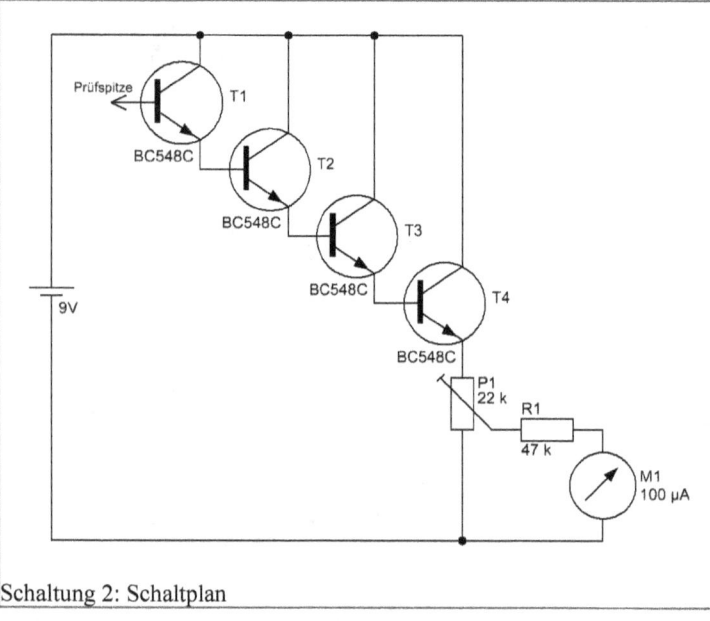

Schaltung 2: Schaltplan

Nach dem Anschluss der Batterie muss das Elektroskop erst einmal geeicht werden. Hierzu dreht man den Trimmer so lange, bis der Ausschlag des Messwerks in der Mitte steht.

Werden nun Gegenstände an die Prüfspitze gehalten, die statisch aufgeladen sind, zeigt das Messwerk einen Ausschlag. Die Schaltung kann sowohl positive sowie auch negative statische Elektrizität messen.

Der Kern der Schaltung sind die 4 Transistoren, die alle in Darlington-schaltung betrieben sind. Der Ruhestrom entsteht dadurch, dass jeder Transistor einen sehr geringen Leckstrom besitzt. Der Leckstrom von T1 wird durch T2-T4 sehr stark verstärkt und sorgt so für einen ausreichenden Ruhestrom, der das Messwerk zum Ausschlagen bringt.

Legen wir nun eine statische Spannung an die Prüfspitze, wird dieser äußerst geringe durchfließende Strom von den Transistoren massiv verstärkt und erhöht den Strom durchs Messwerk oder wird bei negativer Spannung auch verringert.

Schaltung 3: Eieruhr mit Sirene

Zeitschaltungen wurden ja schon des öfteren vorgestellt. Diese hier hat aber gegenüber den früheren Schaltungen den Vorteil, dass die einstellbare Zeit im großen Bereich möglich ist. Sobald die Zeit angelaufen ist, ertönt ein Alarmton. Durch die einstellbare Zeit von bis zu ca. 13 Minuten ist diese Schaltung gut als Eieruhr einsetzbar.

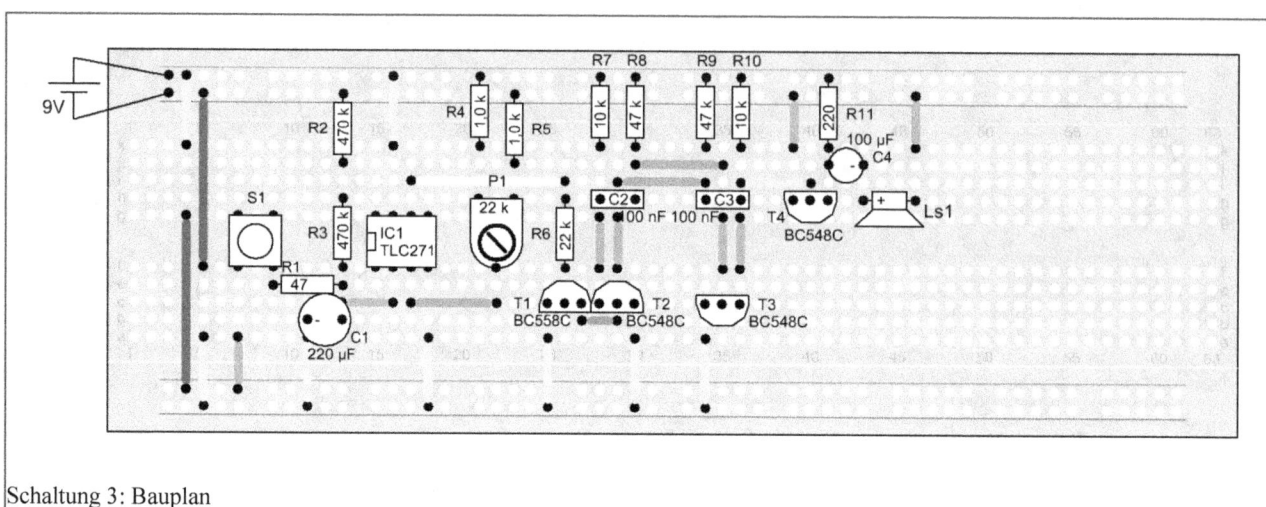

Schaltung 3: Bauplan

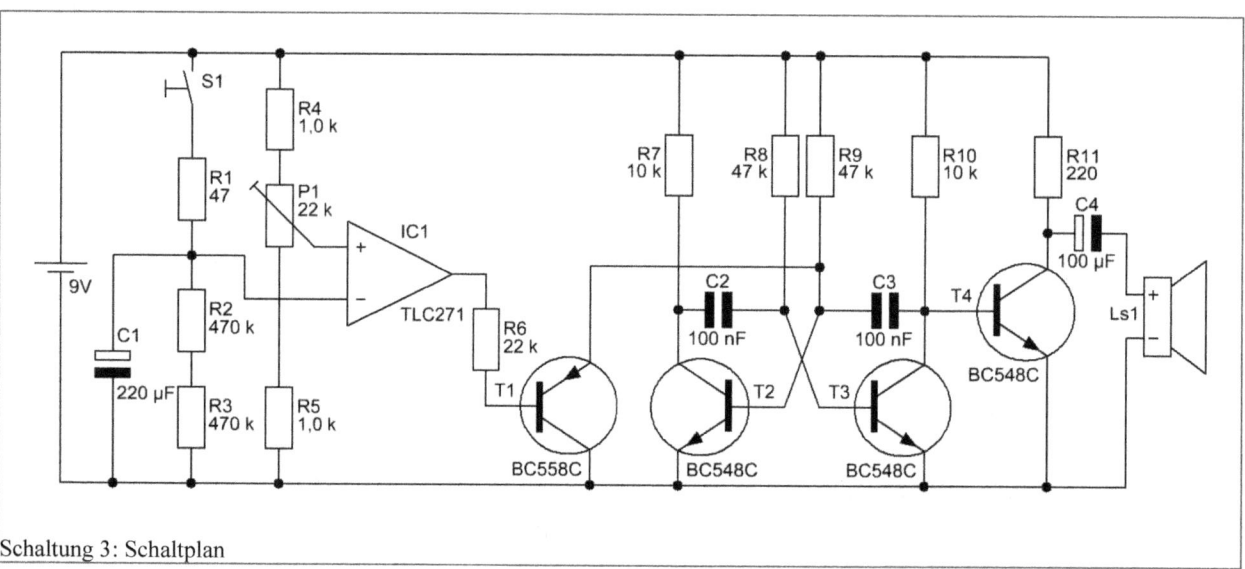

Schaltung 3: Schaltplan

Nimmt man die Schaltung in Betrieb kann es vorkommen, dass der Alarmton sofort ertönt. Nun kann die gewünschte Zeit mit Hilfe des Potentiometers P1 eingestellt werden. Am Rechtsanschlag ist die Zeit am längsten. Jetzt muss kurz der Taster S1 betätigt werden. Der Ton verstummt und erklingt erst dann wieder, wenn die Zeit abgelaufen ist.

Kern der Schaltung ist der Operationsverstärker IC1, welcher als Vergleicher arbeitet. Mit R4, R5 und P1 wird eine Referenzspannung an den +-Eingang angelegt. Wird nun der Taster betätigt, lädt sich der Elko

C1 schnell über R1 auf. Bei geöffnetem Taster entlädt sich der Kondensator langsam wieder über die beiden Widerstände R2 und R3. Der OP vergleicht nun die Elko-Spannung mit der Referenzspannung. So lange die Spannung am Elko größer ist als die Referenzspannung, ist der Operationsverstärker auf den Minuspol geschaltet.

Dies ermöglicht nun den Transistor T1 durchzusteuern und legt somit die Basis von T2 auf 0 V. Dadurch kann die astabile Kippstufe nicht anschwingen und der Lautsprecher bleibt stumm.

Ist die Spannung am Kondensator C1 unter der Referenzspannung gesunken, schaltet der Operationsverstärker auf den Pluspol um. Der Transistor T1 sperrt und die astabile Kippstufe kann anfangen zu schwingen. Es ist ein Signalton aus dem Lautsprecher Ls1 zu hören.

Schaltung 4: Regelbarer Blinkgeber mit OP

Blinkgeber oder auch Taktgeber haben wir ja schon kennen gelernt. Der Vorteil dieser Schaltung ist der sehr große Regelbereich der Ausgangsfrequenz. Ebenso gibt diese Schaltung eine ‚harte' Rechteckspannung aus, welche sehr gut für digitale Schaltungen geeignet ist.

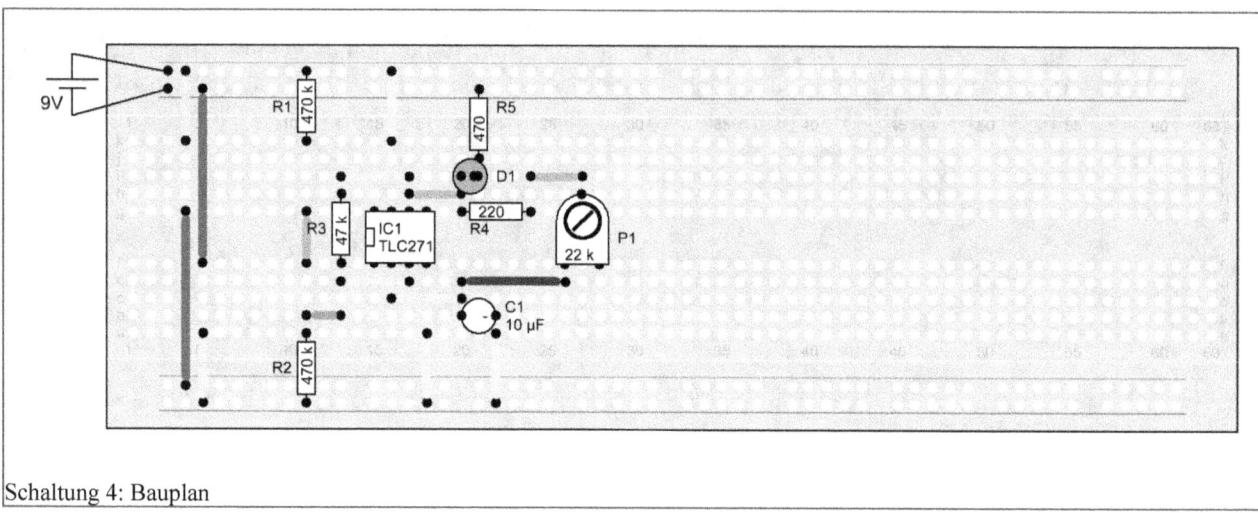

Schaltung 4: Bauplan

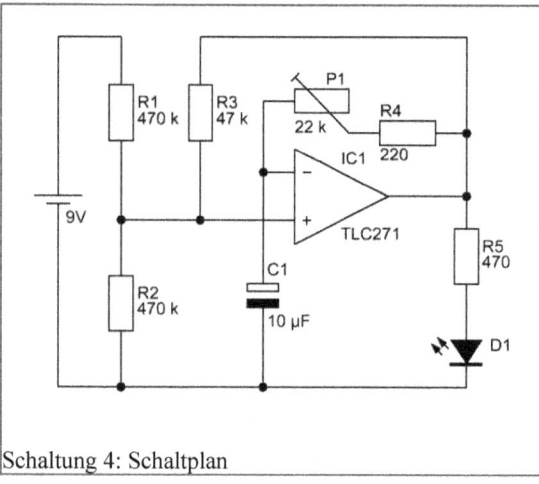

Schaltung 4: Schaltplan

Bei der Inbetriebnahme beginnt die Leuchtdiode D1 an zu blinken. Die Frequenz lässt sich hier in weiten Bereichen durch P1 einstellen.

Im Kern dieser Schaltung arbeitet der Operations-Verstärker IC1, welcher als astabiler Multivibrator geschaltet ist. Der Lade/Entladewiderstand für C1 wurde hier einfach durch einen 220 Ω Widerstand und dem Trimmpotentiometer ersetzt. Dadurch wird die Lade/Entladezeit in weiten Bereichen einstellbar.

Schaltung 5: 2 Tasten Dimmer

Die meisten Dimmerschaltungen arbeiten mit einem Potentiometer als Helligkeitsregler. Viel moderner ist es aber jedoch, wenn man die Helligkeit mit 2 Tastern steuern kann. Dies wird durch diese Schaltung ermöglicht.

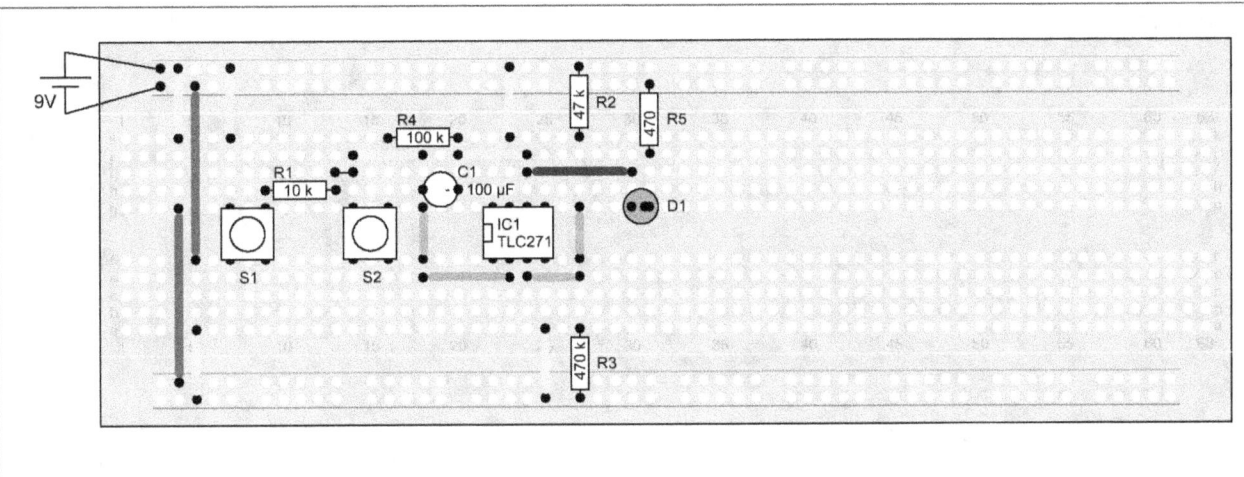

Schaltung 5: Bauplan

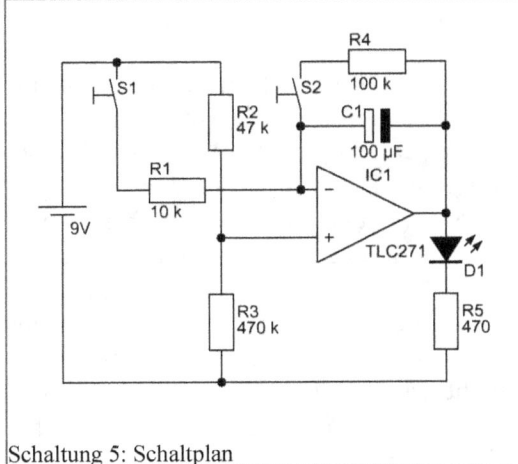

Schaltung 5: Schaltplan

Hier kann man nun mit S2 die Helligkeit der Leuchtdiode D1 erhöhen und mit S1 wird die Leuchtkraft der LED allmählich verringert. Lässt man den entsprechenden Taster los, bleibt die gerade aktuelle Leuchtstärke erhalten, bis wieder S1 oder S2 betätigt werden.

Das Funktionsprinzip dieser Schaltung basiert auf den Operationsverstärker IC1, der hier als Integrierer geschaltet ist. Mit S2 wird der Kondensator C1 über R4 langsam entladen, wodurch die Spannung am Ausgang und somit die Spannung für die Leuchtdiode steigt.

Wird S1 betätigt, wird C1 aufgeladen und die Ausgangs-Spannung des Operationsverstärkers sinkt.

Schaltung 6: Dreieck-Tongenerator

Tongeneratoren werden immer wieder benötigt. Sei es nun zur Ausgabe eines Alarmtones oder auch zur Musikerzeugung. Bei letzterem kommt man mit einfachen astabilen Kippstufen nicht sehr weit. Um verschiedene Klänge zu erzeugen, werden auch Tongeneratoren benötigt, die andere Frequenzformen als nur Rechteck ausgeben. Hier wird eine kleine Schaltung gezeigt, die eine Dreieckspannung für den Ton verwendet.

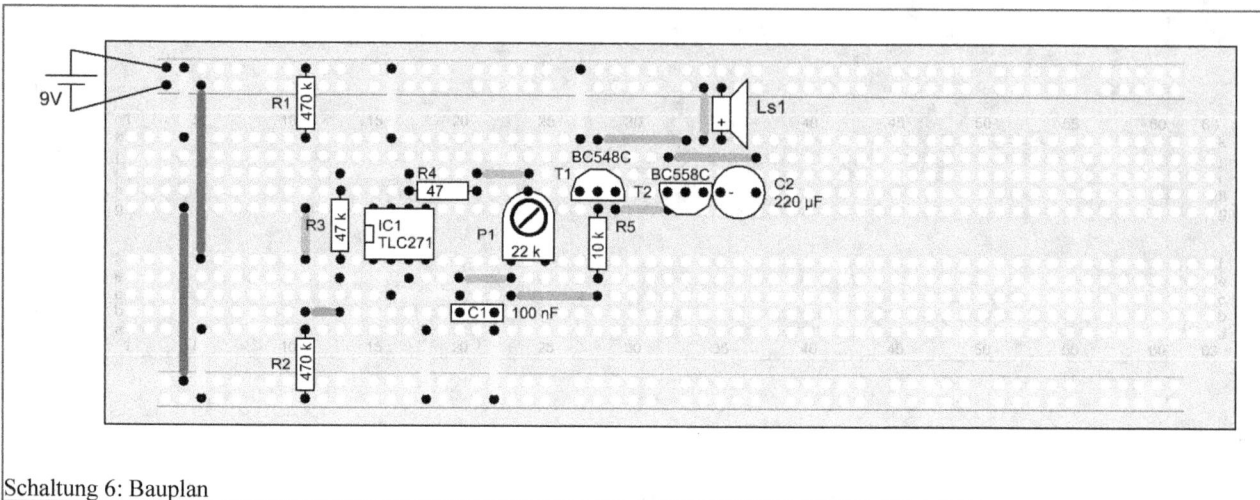

Schaltung 6: Bauplan

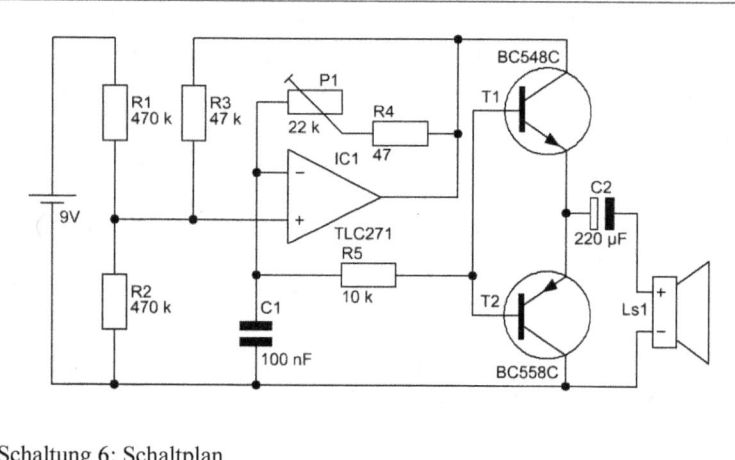

Schaltung 6: Schaltplan

Beim Anschluss der Batterie ertönt aus dem Lautsprecher Ls1 ein Ton. Dieser Ton kann in der Höhe durch den Trimmer P1 variiert werden. Entgegen eines Tongenerators mit Rechtecksignal hat dieser ein ‚sanfteres' Signal.

Hier arbeitet der Operationsverstärker als Taktgeber. Das Ausgangssignal wird aber nicht am Ausgang des Operations-Verstärkers angegriffen, sondern am Kondensator.

Dadurch wird ein Sinussignal über den Widerstand R5 auf die Gegentaktstufe, bestehend aus T1 und T2, gegeben. Diese Stufe verstärkt das Signal und gibt es, gekoppelt über C2, an den Lautsprecher aus.

Schaltung 7: Regelbarer Taktgeber mit Stopp

Immer wieder benötigt man Taktgeber in der Digitaltechnik, wo es möglich sein muss, den Takt bei bestimmten Situationen anzuhalten. So ein Taktgeber wird mit dieser Schaltung realisiert.

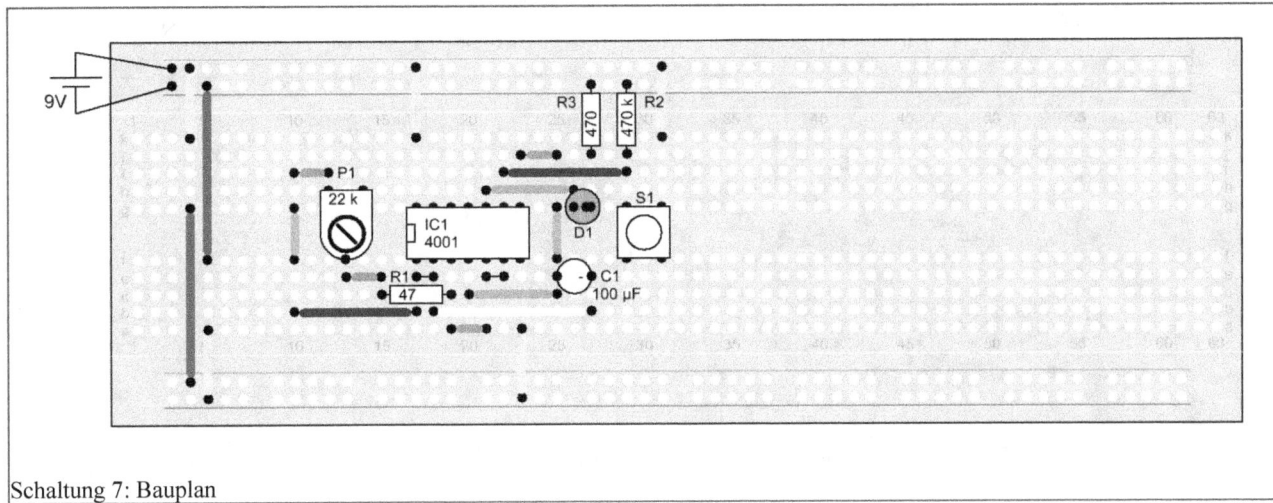

Schaltung 7: Bauplan

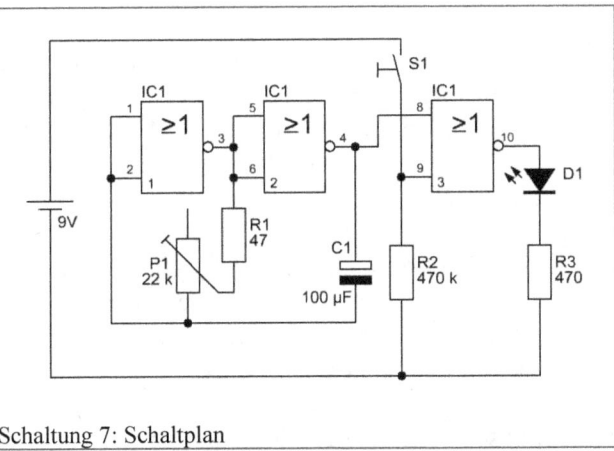

Schaltung 7: Schaltplan

Bei dieser Schaltung kann man die Blinkfrequenz der Leuchtdiode D1 in weiten Bereichen regeln. Dies geht vom langsamen Blinken bis hin zum Flimmern der LED.

Wird S1 betätigt, stoppt das Blinken und es beginnt erst wieder wenn man den Taster S1 los lässt.

Erreicht wird dieses Verhalten durch den Taktgeber, welcher aus den beiden Oder-Nicht-Gattern 1 und 2 vom IC1 gebildet worden ist. Bei diesem Taktgeber wurde der Ladewiderstand durch die Kombination aus einem 47 Ω-Widerstand und dem Trimmpotentiometer P1 ersetzt. Hierdurch ist es möglich die Lade-/Entladezeit des Elkos im weiten Bereich zu regeln und dem entsprechend die Ausgangsfrequenz.

Der Ausgang dieses Taktgebers wird auf ein weiteres Gatter gegeben. Der zweite Eingang dieses Gatters ist mit dem Taster S1 beschaltet. Da der Ausgang des NOR-Gatters immer eine ‚1' führt, wenn beide Eingänge ‚0' sind, wird das Blinksignal nur invertiert weiter gegeben, wenn der Taster nicht betätigt ist und somit an dem Eingang eine ‚0' anliegt. Sobald man den Taster betätigt, spielt das Signal an dem Takteingang keine Rolle mehr und die Leuchtdiode bleibt aus.

Schaltung 8: Baustellenampel

Oft sind an Baustellen kleine Ampeln aufgestellt die ähnlich aussehen wie Fußgängerampeln. Bei diesen Ampeln wird oft die Gelbphase weggelassen. Auch an Bahnübergängen sind solche Ampeln zu finden. So eine Ampel bildet diese Schaltung nach.

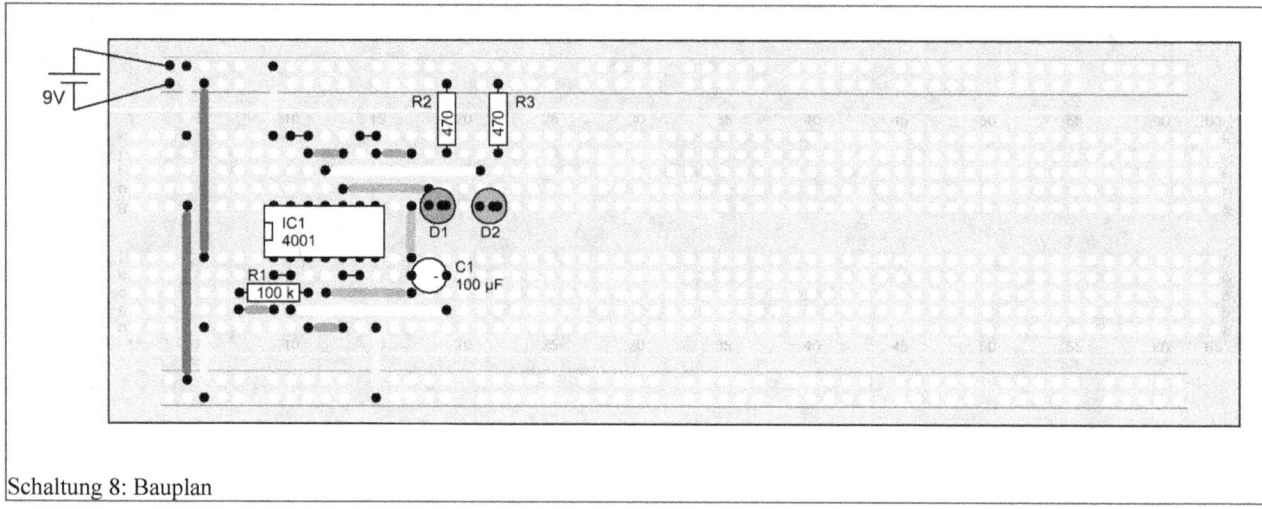

Schaltung 8: Bauplan

Schaltung 8: Schaltplan

Hier leuchten die beiden LEDs D1 und D2 recht lange abwechselnd auf. Die Leuchtzeit kann man durch ändern des Widerstandes R1 und/oder des Kondensators C1 noch erjöhen oder verringern.

Die Blinkfrequenz des Taktgebers, welcher aus den Gattern 1 und 2 des IC1 gebildet wird, ist hier sehr niedrig, bedingt durch die recht hohen Werte von R1 und C1.

Dem Taktgeber sind noch die beiden Gatter 3 und 4 nachgeschaltet, wobei diese als Treiber für die Leuchtdioden dienen. Gatter 4 hat zusätzlich noch die Aufgabe das Signal zu invertieren und somit die LED D2 nur aufleuchten zu lassen wenn D1 nicht aktiv ist. So entsteht im Grunde ein Wechselblinker, der sehr langsam blinkt.

Schaltung 9: Digital gesteuerte Verkehrsampel

Eine der interessantesten elektronischen Schaltungen ist wohl der Aufbau einer Verkehrsampel. Bedingt durch die Lichtfolge, ist dies immer eine Herausforderung. Mit unseren Mitteln ist es jetzt möglich so eine Ampel in einfacher Form aufzubauen, wie diese Schaltung zeigt.

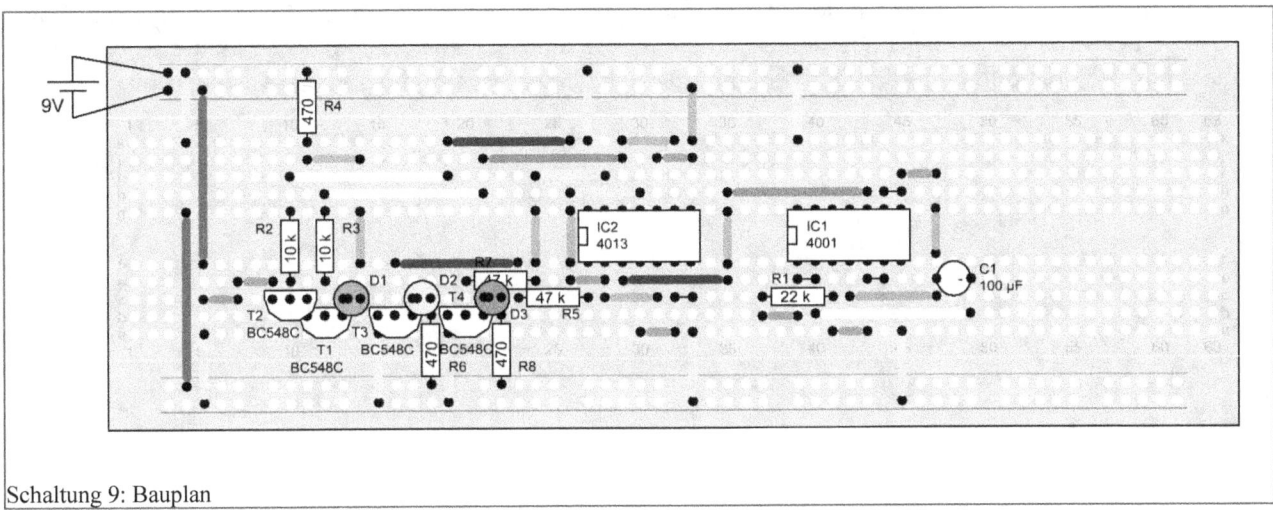

Schaltung 9: Bauplan

Schaltung 9: Schaltplan

Nach dem Anschluss der Batterie zeigen die 3 Leucht-Dioden D1 bis D3 die typische Lichtfolge einer Verkehrsampel. Also grün – gelb – rot – rot/gelb und dann wieder grün.

Erreicht wird dieses Verhalten hauptsächlich durch den 2-stufigen Binärzähler, der aus den beiden FlipFlops von IC2 gebildet wird.

Getaktet wird der Zähler durch die bekannte Taktgeberschaltung. Der Taktgeber wird noch durch eine weitere Pufferstufe ergänzt, um ein sauberes Taktsignal für den Zähler zu erhalten.

Die Ausgangssignale des Zählers werden durch die Transistoren T1 bis T4 ausgewertet und diese steuern entsprechend die Leuchtdioden an.

Soll die grüne LED aufleuchten, dürfen die gelbe und die rote LED nicht angesteuert werden. Das heißt, dass beide Zählerstufen am Ausgang ‚0' haben müssen. Die invertierten Ausgänge der FlipFlops führen nun ‚1'. Diese invertierten Ausgänge werden jeweils auf T1 und T2 geleitet. Erst wenn beide Transistoren durchsteuern, kann der Strom zur Leuchtdiode fließen und Grün leuchtet auf.

Die Transistoren T3 und T4 werden direkt, über entsprechende Vorwiderstände, an die normalen Ausgänge der FlipFlops gelegt. Die gelbe und rote LED leuchten entsprechend des aktuellen Status des Zählers auf. Bedingt durch die Zählerart ‚kümmert' sich der Zähler um die genaue Ansteuerung.

Schaltung 10: Monostabile Kippstufe mit FlipFlop

In vielen elektronischen Schaltungen werden monostabile Kippschaltungen benötigt. Als einfachstes Beispiel sei nur das Treppenhauslicht genannt. Auch in digitalen Steuerungen kommt es immer wieder vor, dass man die Funktion einer monostabilen Kippschaltung benötigt. Hier wird so ein Monoflop aufgezeigt.

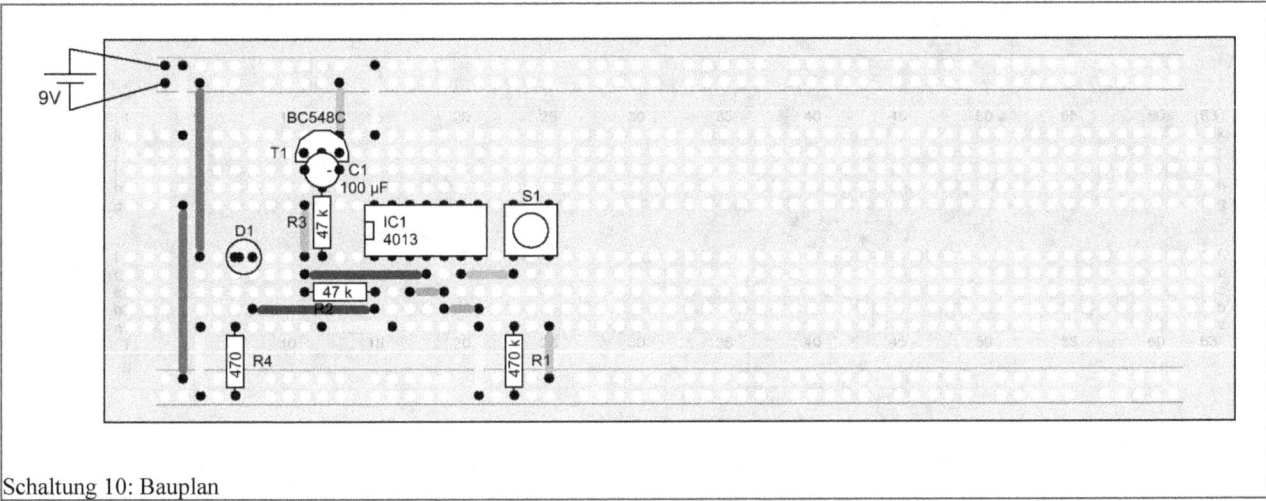

Schaltung 10: Bauplan

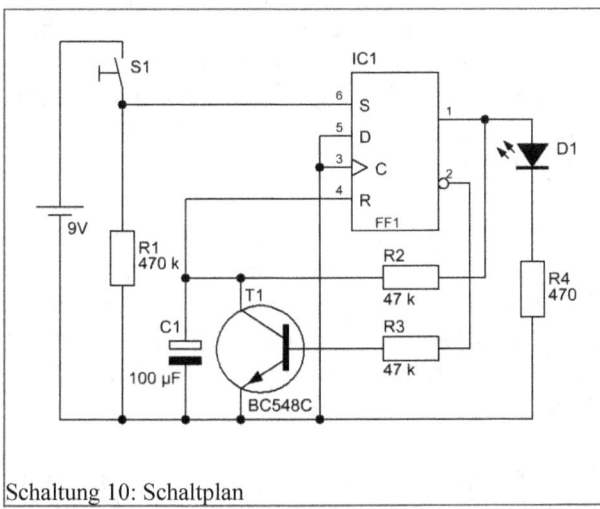

Schaltung 10: Schaltplan

Bei der Inbetriebnahme passiert zunächst nichts. Erst beim Betätigen des Tasters S1 leuchtet die LED D1 auf und geht nach einem Augenblick wieder aus. Nun kann der Taster erneut betätigt werden und der Vorgang wiederholt sich.

Ist die Schaltung in Ruhestellung, die Leuchtdiode D1 ist also dunkel, sorgt der Transistor T1 dafür, dass der Elektrolytkondensator C1 entladen wird. T1 wird in diesem Zustand durch den negativen Ausgang vom FlipFlop angesteuert.

Betätigt jemand den Taster S1, wird das FlipFlop gesetzt. Der normale Ausgang geht auf ‚1' und die LED leuchtet auf. Der invertierte Ausgang geht hingegen auf ‚0', was den Transistor zwingt wieder zu sperren.

Nun wird der Kondensator durch den nach dem Pluspol geschalteten Ausgang und dem Widerstand R2 allmählich aufgeladen. Da der positive Anschluss des Elkos mit dem Reset-Eingang verbunden ist und die Spannung am Kondensator langsam steigt, ist irgendwann die Schaltschwelle erreicht und das FlipFlop wird wieder zurückgesetzt. Der Ausgang geht auf ‚0', die Leuchtdiode verlischt und das Spiel kann von Vorne beginnen.

Schaltung 11: Millivoltmeter

In der Elektronik wird oft mit sehr kleinen Spannungen gearbeitet. Es werden dadurch auch Messgeräte benötigt, welche es ermöglichen Spannung unterhalb von 1 V zu erfassen. Hierzu bedient man sich so genannter Messverstärker, wie er in dieser Schaltung vorhanden ist.

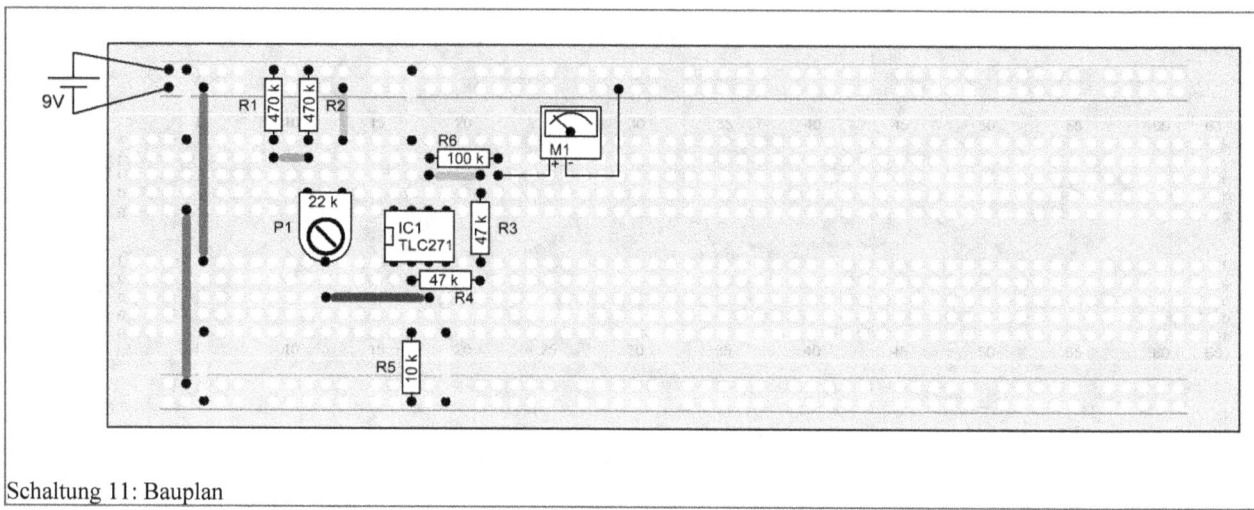

Schaltung 11: Bauplan

Schaltung 11: Schaltplan

Bei dieser Schaltung zeigt das Messwerk Spannungen von bis zu 0,9 V an, welche an der ‚Messspitze' anliegen. Durch R1, R2 und P1 erzeugen wir solche Spannungen um die Schaltung testen zu können. Lässt man diese Bauteile weg, kann man diese Schaltung auch anderweitig anklemmen.

Erreicht wird die Messverstärkung einfach durch den Operationsverstärker. Dieser ist als nichtinvertierender Verstärker geschaltet, bei dem der Verstärkungsfaktor mit Hilfe von R3/R4 und R5 auf ca. 10-Fach eingestellt wurde. Somit entsteht am Ausgang des OPs eine 10-mal höhere Spannung als am Messeingang.

Diese Ausgangsspannung wird dann auf das Messwerk mit dem Vorwiderstand gegeben, welches die Spannung wiedergibt.

Schaltung 12: Überspannungsalarm

Einige Elektronikschaltungen reagieren sehr empfindlich auf zu hohe Spannungen. Nicht immer ist es aber möglich die Spannungen zu regeln, so dass solche Überspannungen gar nicht erst auftreten. Hier hilft dann nur eine Schaltung, die die Spannung überwacht und beim Überschreiten eines Schwellwertes Alarm schlägt.

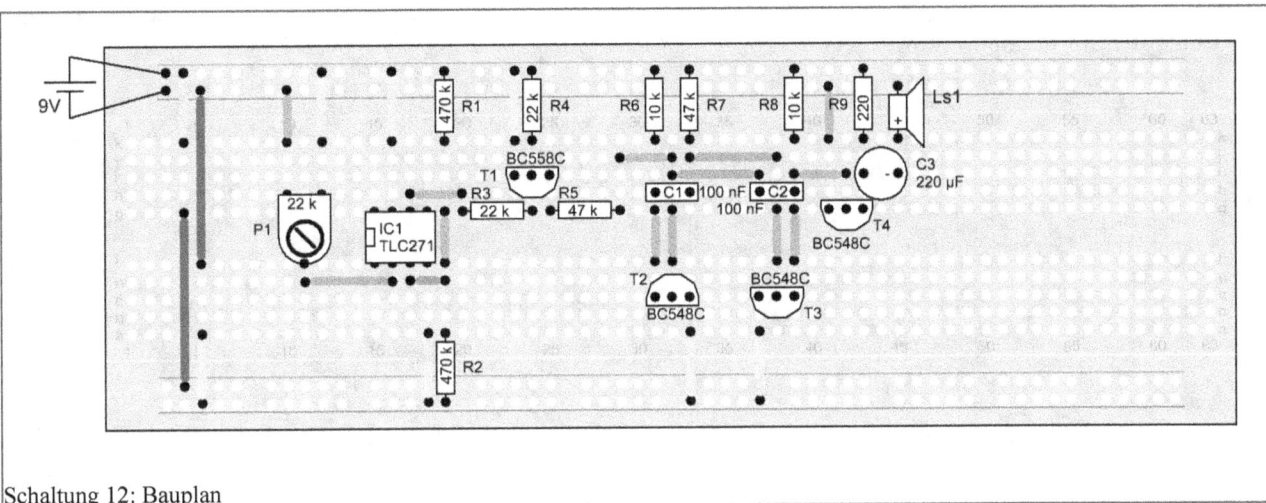

Schaltung 12: Bauplan

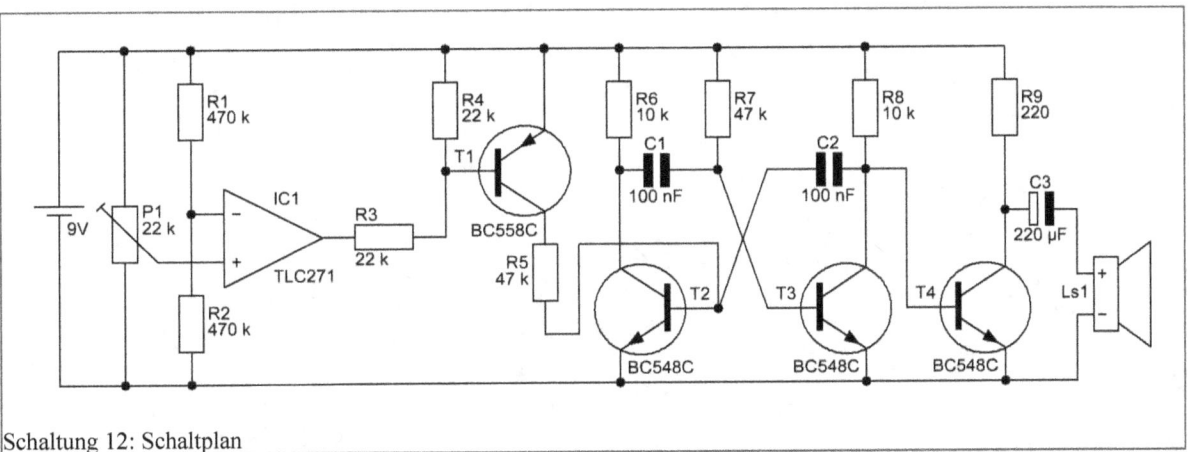

Schaltung 12: Schaltplan

Bevor man diese Schaltung in Betrieb nimmt, sollte man das Trimmpotentiometer auf Linksanschlag drehen. Nach Anlegen der Betriebsspannung wird, mit Hilfe des Potentiometers P1, die zu prüfende Spannung auf die Schaltung gegeben. Überschreiten wir die Schwellspannung, gibt der Lautsprecher einen Alarmton ab.

Hier arbeitet der Operationsverstärker als Vergleicher. Die Schwellspannung, die maximal erreicht werden darf, wird hier durch die beiden Widerstände R1 und R2 bestimmt. Mit dem Potentiometer P1 wird die zu prüfende Spannung simuliert. Übersteigt die Spannung, die das Poti abgibt, den eingestellten Schwellenwert, schaltet der Operationsverstärker gegen Null.

Nun kann der Transistor T1 durchsteuern und ermöglicht somit der astabilen Kippstufe, welche aus den beiden Transistoren T2 und T3 gebildet ist, anzuschwingen. Diese Kippstufe erzeugt eine relativ hohe Frequenz.

Diese Frequenz wird mit dem Transistor nochmals verstärkt und mit Hilfe des Elektrolytkondensators C3 auf den Lautsprecher gegeben. Der Lautsprecher gibt einen Ton ab.

Wenn jedoch die Prüfspannung unterschritten ist, kann T1 nicht durchsteuern, da der Operationsverstärker nach Plus geschaltet ist. Dadurch kann die astabile Kippstufe nicht schwingen und der Lautsprecher bleibt stumm.

Schaltung 13: Logiktester

Wer sich mit der Digitalelektronik beschäftigt, kommt früher oder später in die Verlegenheit, dass man schnell einmal einen Logikpegel erfassen muss. Hierbei sind die so genannten Logiktester, wie es diese kleine Schaltung hier darstellt, sehr hilfreich.

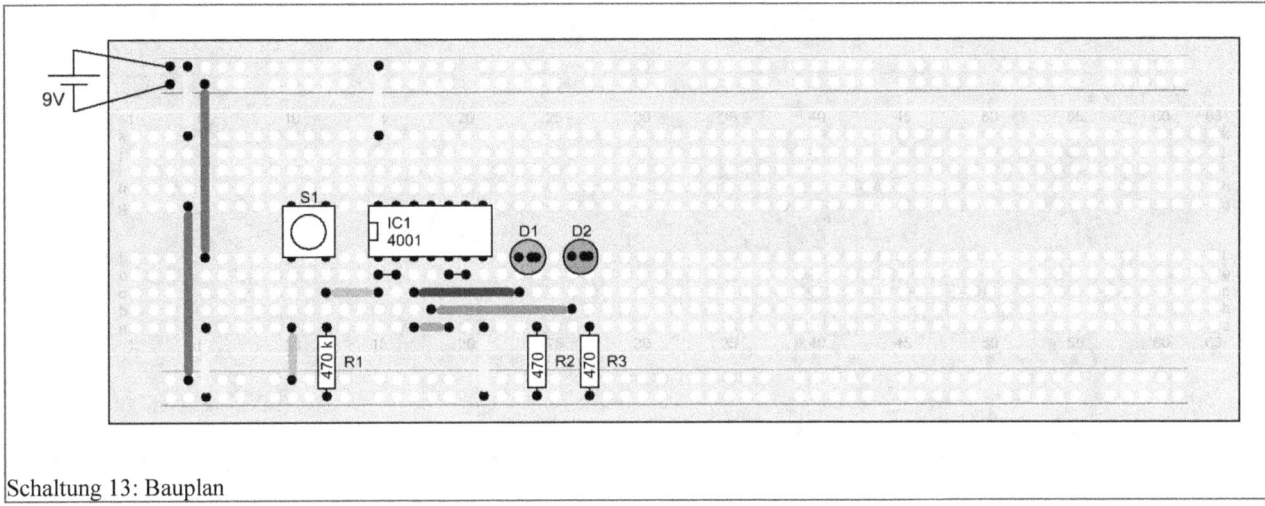
Schaltung 13: Bauplan

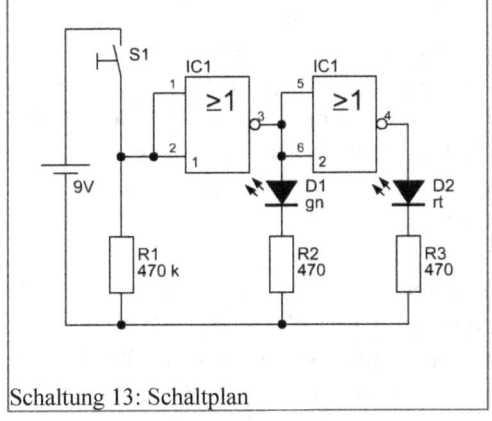
Schaltung 13: Schaltplan

Nach der Inbetriebnahme zeigen die beiden Leuchtdioden D1 und D2 den Logikpegel am Eingang der Schaltung an. Der Taster S1 und der Widerstand R1 erzeugen entsprechende Signale für die Schaltung. Hier könnte man auch die zu testende Signalleitung anklemmen.

Ist der Taster nicht betätigt, wird durch die grüne LED eine ‚0' angezeigt. Betätigt man den Taster zeigt die rote Leuchtdiode folgerichtig ein ‚1'-Signal an.

Wird eine ‚0' an den Eingang gelegt, invertiert das Gatter 1 dieses Signal und dessen Ausgang schaltet auf Plus. Die Leuchtdiode wird mit Spannung versorgt und leuchtet auf. Das ‚1'-Signal vom Ausgang des ersten Gatters wird durch das 2. Gatter wieder invertiert und dort erscheint nun ein ‚0'-Signal am Ausgang. D2 kann dadurch nicht leuchten.

Anders sieht es bei einer ‚1' am Eingang der Schaltung aus. Gatter 1 invertiert diese zu einer ‚0'. LED D1 bleibt aus. Gatter 2 macht daraus jetzt eine ‚1'. Nun erhält die LED D2 Spannung und leuchtet auf.

Schaltung 14: Integrierter NF-Verstärker

In keinem anderen Bereich haben sich Operationsverstärker so weit verbreitet wie in der HiFi-Technik. Bedingt durch die einfache Handhabung von Schaltungsfaktoren, wie Verstärkungsfaktor oder Eingangswiderstand, sind Operationsverstärker sehr gut für solche Verstärker geeignet. Ein ganz einfacher OP-Verstärker ist nun hier zu sehen.

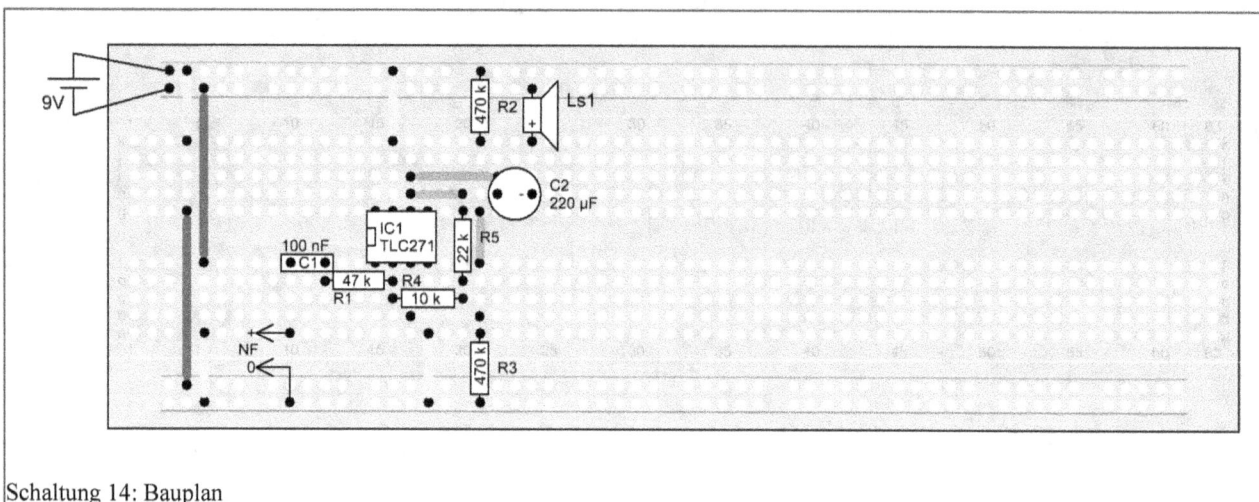

Schaltung 14: Bauplan

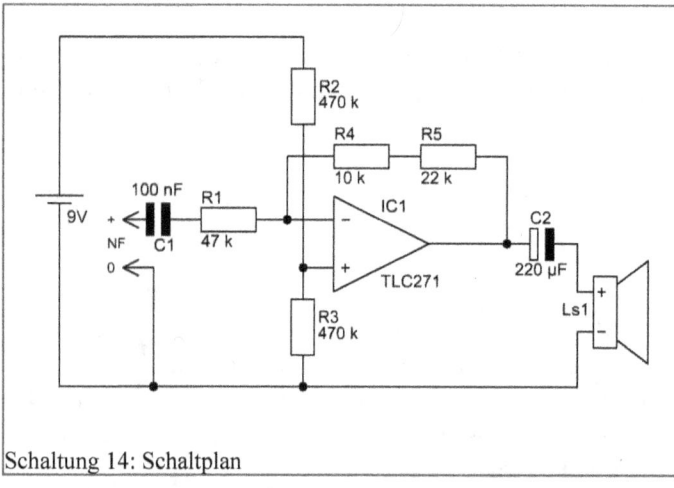

Schaltung 14: Schaltplan

Am NF-Eingang muss vor Inbetriebnahme eine beliebige HiFi-Quelle angeschlossen werden wie z.B. Mp3-Player, Soundausgang des Computers etc. Wird nun die Schaltung in Betrieb genommen, ist aus dem Lautsprecher die eingespeiste Musik zu hören.

Hier arbeitet der Operationsverstärker als invertierender Verstärker. Da HiFi-Signale Wechselspannungen sind, muss dafür gesorgt werden, dass der OP einen entsprechenden Arbeitspunkt hat. Dies wird mit R2 und R3 getan.

C1 und C2 sorgen dafür, dass die Wechselspannung auf die Gleichspannung der Schaltung aufmoduliert bzw. bei C2 herausgefiltert wird.

Schaltung 15: Lichtspiel

Ohne diverse Lichteffekte wären Volksfeste und Jahrmärkte nicht so interessant wie sie es sind. Jede Schaustellerbude ist verziert mit verschieden Lichtanlagen, die mehr oder weniger komplexe Lichtmuster abstrahlen. Eine kleine Lichtschaltung sieht man hier.

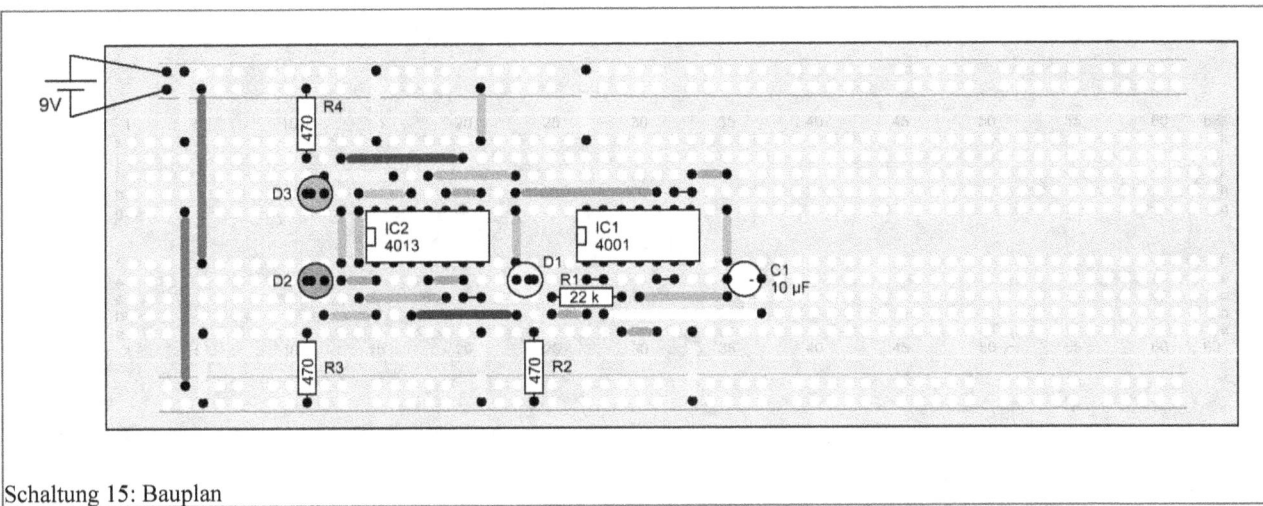

Schaltung 15: Bauplan

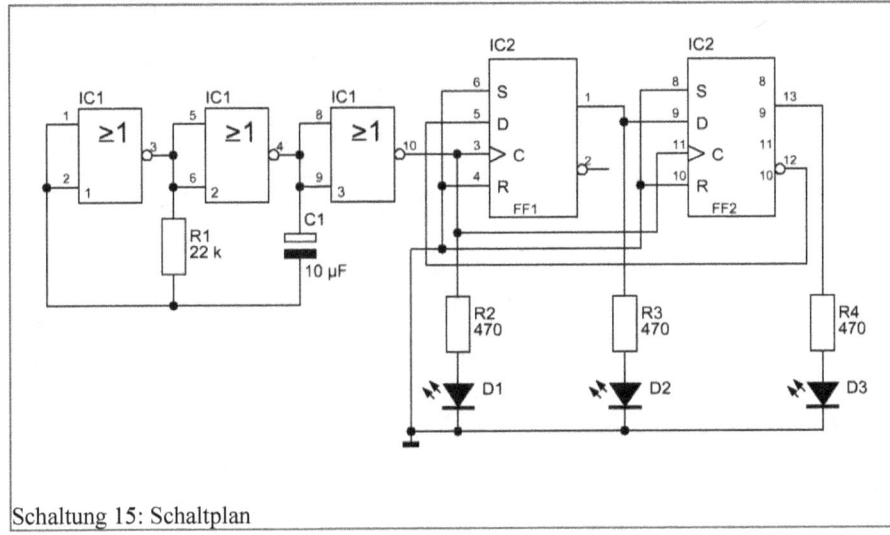

Schaltung 15: Schaltplan

Wird die Batterie an die Schaltung angeschlossen, geben die drei Leuchtdioden D1-D3 ein nettes Lichtmuster ab.

D1 blinkt und dazu gehen die beiden Leuchtdioden D2 und D3 nacheinander an und anschließend wieder aus.

Diesen Effekt erreichen wir durch die beiden FlipFlops des IC2. Diese beiden FlipFlops sind zu einem so genannten Auffüllregister zusammen geschaltet.

Hier sind die Takteingänge der beiden Stufen zusammen geschaltet. Wird nun die Schaltung getaktet, wird der aktuelle Zustand der vorherigen Stufe in die nächste Stufe durch den D-Eingang übernommen. Damit die Leuchtdioden auch wieder aus gehen, muss man den D-Eingang der ersten Stufe mit dem invertierten Ausgang der letzten Stufe zusammen schalten.

Die Ausgänge der FlipFlops werden nun einfach auf die beiden Leuchtdioden D2 und D3 gelegt. Will man noch weitere Stufen einbinden, muss man nur die weiteren FlipFlops so einfügen, dass der Ausgang mit dem D-Eingang der nächsten Stufe verbunden wird. Der Takteingang muss mit dem Taktsignal verbunden werden.

Das Taktsignal dieser Schaltung wird durch den bekannten Taktgeber mit IC1 gebildet. Wer die Geschwindigkeit erhöhen oder verringern möchte, muss nur R1 oder C1 dem entsprechend ändern.

Schaltung 16: Alarmanlage mit Sirene

Viele Gebäude und Einrichtungen müssen durch Alarmanlagen vor unbefugten Besuchern geschützt werden. Einige Anlagen geben nur eine stille Meldung an den Besitzer ab. Andere jedoch machen Lautstark auf sich aufmerksam. So eine Anlage in Kleinformat wird hier nachgebildet.

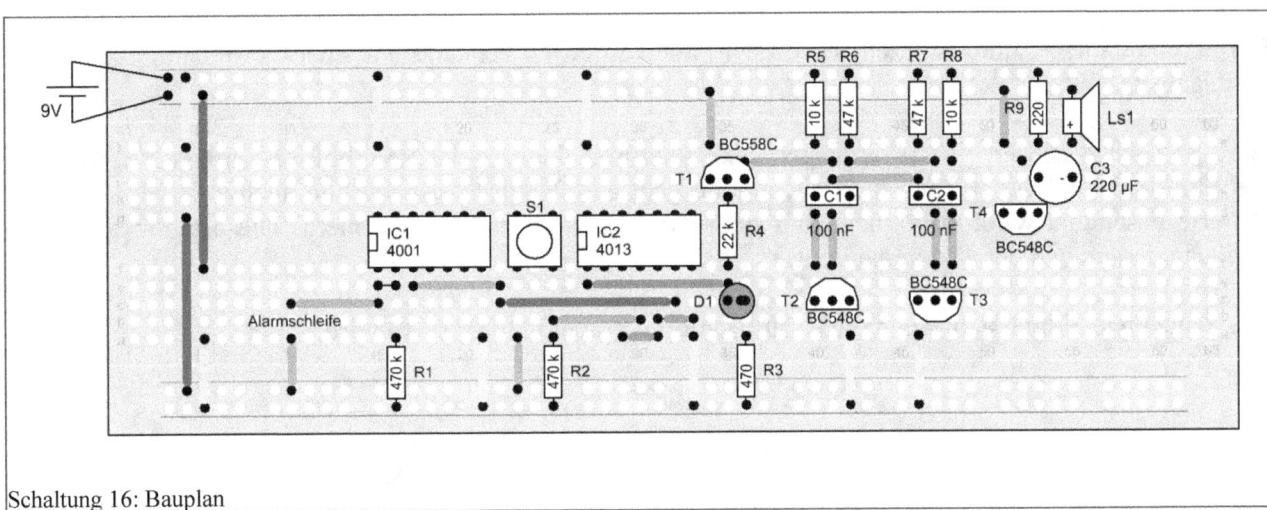

Schaltung 16: Bauplan

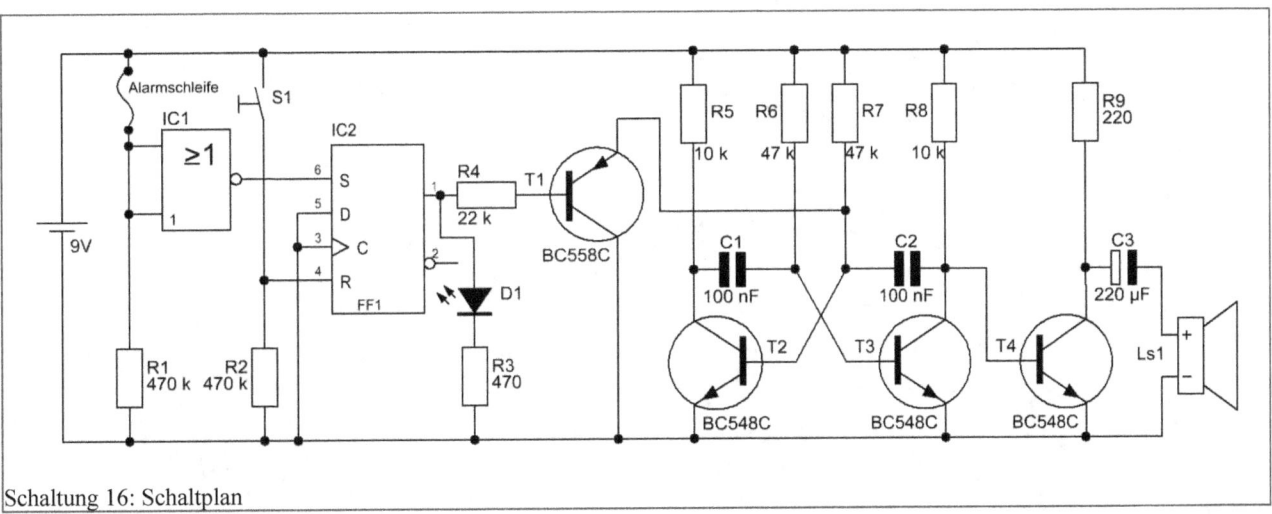

Schaltung 16: Schaltplan

Bei der Inbetriebnahme passiert nichts weiter so lange die ‚Alarmschleife' geschlossen bleibt. Erst wenn der Kontakt unterbrochen wird, z.B. durch das Öffnen einer Tür oder eines Fensters, leuchtet die LED D1 auf und aus dem Lautsprecher Ls1 ertönt ein Alarmton.

Ist der Alarm einmal ausgelöst, hilft es nichts die Alarmschleife wieder herzustellen. Der Alarm bleibt so lange bestehen, bis der Taster S1 betätigt wird.

Hier wird der eigentliche Kern der Schaltung durch das FlipFlop FF1 gebildet, welches als RS-FlipFlop verschaltet ist. Der S-Eingang ist mit dem Ausgang der Inverter-Stufe verbunden. So lange die

Alarmschleife geschlossen ist, bekommt der Inverter ein ‚1'-Signal und erzeugt somit am Ausgang eine ‚0'.

Trennt man nun die Schleife wird FF1 gesetzt. Der Ausgang des FlipFlops geht jetzt auf ‚1' und kann somit die Leuchtdiode D1 ansteuern. Gleichzeitig sorgt die positive Ausgangsspannung dafür, dass der Transistor T1 sperrt und somit der daran angeschlossen astabilen Kippstufe, welche aus den Transistoren T2 und T3 aufgebaut ist, ermöglicht anzuschwingen.

Der durch den Multivibrator erzeugte Ton wird noch durch T4 verstärkt und über C3 an den Lautsprecher ausgegeben.

Wird S1 nach Auslösen eines Alarms gedrückt, setzt man dadurch das RS-FlipFlop zurück. Der Ausgang des FlipFlops geht auf ‚0' und die Leuchtdiode geht aus. Da der Ausgang nun auch zum Minuspol der Batterie geschaltet wird, ermöglicht dies dem Transistor T1 das Durchsteuern. Die astabile Kippstufe wird angehalten und der Ton verstummt.

Das Ganze wiederholt sich, wenn die ‚Alarmschleife' erneut unterbrochen wird.

Schaltung 17: Einstufiger MOSFET-Verstärker

Moderne Verstärker arbeiten oft mit MOSFET-Transistoren. Dies hat mehrere Vorteile, zum Einen können einige MOSFETs erheblich mehr Leistung umsetzen als bipolare Transistoren, zum Anderen benötigen MOSFETs für die Ansteuerung schon erheblich weniger Strom als normale Transistoren, was den ganzen Verstärker kompakter werden lässt. Ein Verstärker für wenige mW wird hier gezeigt.

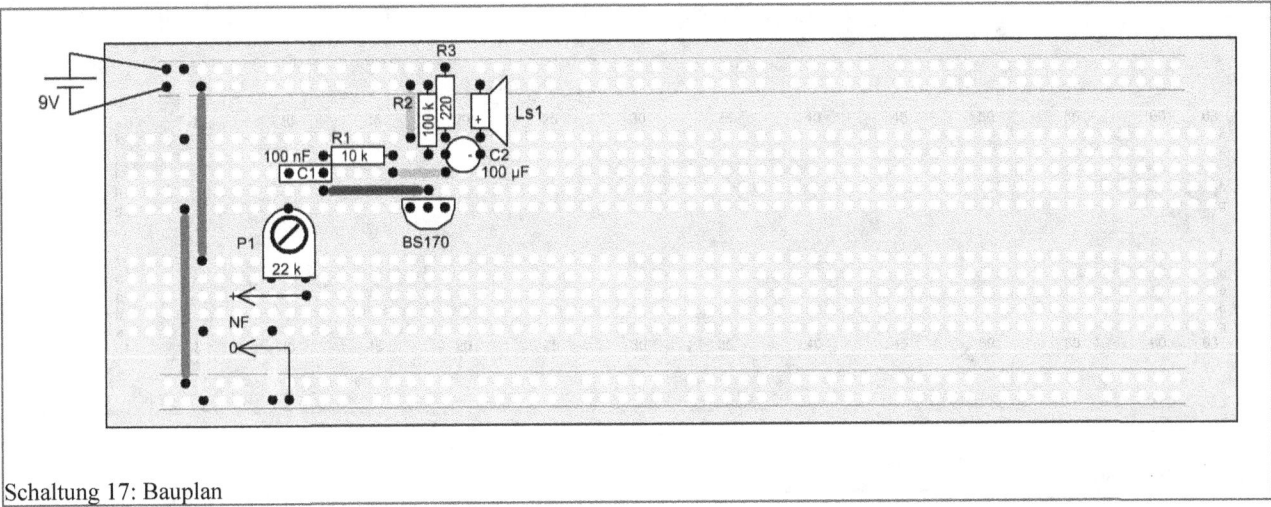

Schaltung 17: Bauplan

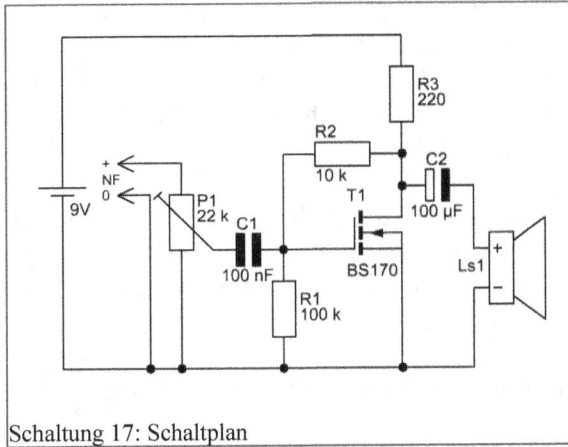

Schaltung 17: Schaltplan

Am NF-Eingang wird eine HiFi-Quelle, z.B. ein Mp3-Player, angeschlossen. Nach Anschluss der Batterie ist aus dem Lautsprecher die Musik zu hören. Dabei sollte der Potentiometer P1 in Richtung Rechtsanschlag gedreht worden sein.

Mit P1 regelt man die gewünschte Lautstärke.

Das HiFi-Signal trifft so erst auf den Kondensator C1. C1 sorgt dafür, dass die Betriebsgleichspannung mit dem Signal moduliert wird. Diese Spannung wird nun durch T1 verstärkt und über C2 auf den Lautsprecher gegeben.

Damit T1 sauber arbeiten kann, muss dieser schon etwas geöffnet sein, um auf positive wie auch negative Signaländerungen reagieren zu können. Diese Arbeitspunkteinstellung wird mit R1 und R2 erreicht.

Schaltung 18: N-Kanal MOSFET-Prüfer

Wie jedes elektronische Bauteil kann auch ein MOSFET einmal zerstört werden. Hat man den Verdacht, der MOSFET, der vor einem liegt, ist defekt, kann man dies mit folgender kleinen Testschaltung schnell feststellen.

Schaltung 18: Bauplan

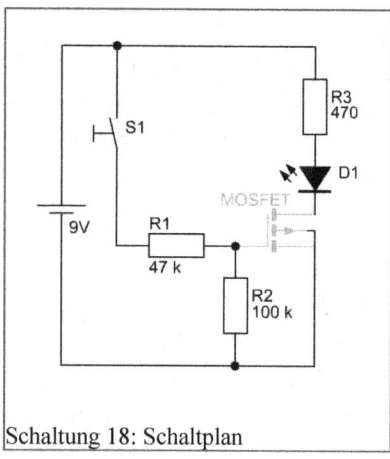

Schaltung 18: Schaltplan

Wird die Batterie an diese Prüfschaltung angeschlossen, darf die Leuchtdiode D1 nicht aufleuchten. Sie darf erst dann Licht abgeben, wenn der Taster S1 betätigt wird. Wird der Taster wieder los gelassen, muss die LED wieder verlöschen. Zeigt sich bei dem Prüfobjekt ein anderes Verhalten liegt hier ein Defekt vor.

Die Schaltung ist ganz einfach aufgebaut. Beim Druck auf den Taster wird eine Spannung am Gate des zu prüfenden MOSFETs angelegt. Dieser steuert durch und gibt den Strom durch die DS-Strecke frei. Die LED leuchtet auf.

Wird der Taster los gelassen sorgt R2 dafür, dass der MOSFET sicher sperrt und die Leuchtdiode ausgeht.

Anhang A: Widerstandsfarbtabelle

Um den Wert eines Widerstandes zu deuten, muss man die aufgedruckten Farbringe interpretieren. Jeder Farbe ist ein bestimmter Wert zugeordnet. Die Kombination der einzelnen Farben ergibt den Wert des Widerstandes.

Farbe	1. Ring	2. Ring	3. Ring (Nullstellen)	4. Ring (Toleranz)
Schwarz	-	0	$\times 10^0 = 1$	$\pm 20\%$
Braun	1	1	$\times 10^1 = 10$	$\pm 1\%$
Rot	2	2	$\times 10^2 = 100$	$\pm 2\%$
Orange	3	3	$\times 10^3 = 1.000$	-
Gelb	4	4	$\times 10^4 = 10.000$	-
Grün	5	5	$\times 10^5 = 100.000$	$\pm 0,5\%$
Blau	6	6	$\times 10^6 = 1.000.000$	$\pm 0,25\%$
Lila	7	7	$\times 10^7 = 10.000.000$	$\pm 0,1\%$
Grau	8	8	$\times 10^8 = 100.000.000$	$\pm 30\%$
Weiß	9	9	$\times 10^9 = 1.000.000.000$	-
Gold	-	-	$\times 10^{-1} = 0,1$	$\pm 5\%$
Silber	-	-	$\times 10^{-2} = 0,01$	$\pm 10\%$
Ohne	-	-	-	$\pm 20\%$

In der Abbildung A.01 ist noch einmal die genaue Ableseart von den Farbringen bei Widerständen zu sehen.

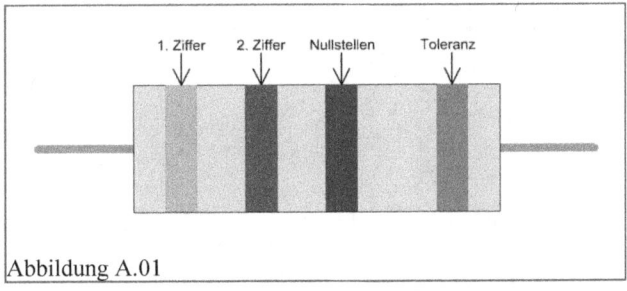

Abbildung A.01

Anhang B: Normreihen

Fast alle elektronischen Bauelemente, die es mit verschiedenen Werten gibt, wie z.B. Widerstände oder Kondensatoren, können verständlicherweise vom Handel nicht mit unendlichen Werten vorgehalten werden. Daher hat man, je nach Genauigkeit des entsprechenden Bauteils, Normreihen entwickelt, die einige Fixwerte enthalten. Diese E-Reihen, wie die Normreihen auch genannt werden, gibt es z.B. mit 3, 6 oder 12 Werten pro Zehnerpotenz. In der Praxis reichen diese 3 Reihen in 99% der Fälle aus.

E3 ± 20%	E6 ± 10%	E12 ± 5%
1,0	1,0	1,0
		1,2
	1,5	1,5
		1,8
2,2	2,2	2,2
		2,7
	3,3	3,3
		3,9
4,7	4,7	4,7
		5,6
	6,8	6,8
		8,2

Anhang C: Technische Daten der Bauelemente

Um elektronische Bauelemente nicht durch eine zu hohe Belastung zu zerstören, muss man wissen welche Grenzwerte die einzelnen Bauelemente haben. Hier sind die wichtigsten Daten der in diesem Buch verwendeten Elemente enthalten.

Transistor BC548C

Kollektorstrom maximal :	100 mA
Maximale Betriebsspannung :	30 V
Verlustleistung :	0,625 W

Transistor BC558C

Kollektorstrom maximal :	-100 mA
Maximale Betriebsspannung :	-30 V
Verlustleistung :	0,625 W

N-Kanal MOSFET BS170

Drainstrom maximal :	500 mA
Maximale Betriebsspannung :	60 V
Verlustleistung :	0,625 W

Operationsverstärker TLC271

Maximale Betriebsspannung :	18 V
Max. pos. Ausgangsstrom :	30 mA
Max. neg. Ausgangsstrom :	-30 mA

Leuchtdiode rot

Durchflussspannung :	1,6 V
Maximalstrom :	20 mA

Leuchtdiode grün

Durchflussspannung :	2,1 V
Maximalstrom :	20 mA

Drehspul-Messwerk 100 µA

Maximaler Strom :	100 µA
Impedanz :	1,0 kΩ

Trimmpotentiometer

Belastbarkeit :	0,15 W

Anhang E: Bezugsquellen

Um die Experimente in diesem Buch durchzuführen, müssen noch einige elektronische Bauteile und eine Steckplatine besorgt werden. Hier ist eine Auflistung einiger Händler für elektronische Bauteile.

Händler	Liefert was?
Conrad Elektronik Klaus-Conrad-Str. 1 92240 Hirschau www.Conrad.de	Bauteile Steckboards (Empfehlung) Drahtbrückensets (Empfehlung)
Reichelt Elektronik e.Kfr. Elektronikring 1 26452 Sande www.Reichelt.de	Bauteile (Empfehlung)
ELV Elektronik AG Maiburger Str. 23-26 26789 Leer www.ELV.de	Bauteile Steckboards

www.ingramcontent.com/pod-product-compliance
Lightning Source LLC
Chambersburg PA
CBHW082216220526
45470CB00010B/3192